全国煤矿安全技术培训通用教材

煤矿瓦斯检查作业

中国煤炭工业安全科学技术学会煤矿安全技术培训委员会
应 急 管 理 部 信 息 研 究 院　组织编写

应 急 管 理 出 版 社

· 北　京 ·

图书在版编目（CIP）数据

煤矿瓦斯检查作业/中国煤炭工业安全科学技术学会煤矿安全技术培训委员会，应急管理部信息研究院组织编写. －－北京：应急管理出版社，2019

全国煤矿安全技术培训通用教材

ISBN 978－7－5020－7437－1

Ⅰ. ①煤… Ⅱ. ①中… ②应… Ⅲ. ①煤矿—瓦斯监测—安全培训—教材 Ⅳ. ①TD712

中国版本图书馆 CIP 数据核字（2019）第 076873 号

煤矿瓦斯检查作业（全国煤矿安全技术培训通用教材）

组织编写	中国煤炭工业安全科学技术学会煤矿安全技术培训委员会 应急管理部信息研究院
责任编辑	徐　武　尹燕华
责任校对	李新荣
封面设计	于春颖

出版发行	应急管理出版社（北京市朝阳区芍药居 35 号　100029）
电　　话	010－84657898（总编室）　010－84657880（读者服务部）
网　　址	www.cciph.com.cn
印　　刷	北京雁林吉兆印刷有限公司
经　　销	全国新华书店

开　　本	710mm×1000mm$^1/_{16}$　**印张**　$7^1/_4$　**字数**　125 千字
版　　次	2019 年 5 月第 1 版　2019 年 5 月第 1 次印刷
社内编号	20180485　　　　　**定价**　20.00 元

编　委　会

主编　王永湘

编写　王文婷　万　青

前　　言

　　党中央、国务院高度重视煤矿安全生产工作。特别是党的十八大以来，习近平总书记就安全生产工作做出一系列重要指示批示，其中对煤矿安全生产工作的系列指示批示为做好新时代煤矿安全生产工作提供了行动指南。近年来，各产煤地区、煤矿安全监管监察部门和广大煤矿企业深入贯彻落实习近平总书记关于安全生产重要论述，按照应急管理部和国家煤矿安监局的工作部署，紧紧扭住遏制特大事故这个"牛鼻子"，扎实推进各项工作措施落实，全国煤矿安全生产工作取得明显成效，实现事故总量、较大事故、重特大事故和百万吨死亡率同比"四个下降"，煤矿安全生产形势持续明显好转。

　　同时，我们也要清醒地看到，煤矿地质条件复杂，技术装备水平不高，职工队伍素质有待提升，安全管理薄弱，我们还不能有效防范和遏制重特大事故，个别地区事故反弹，诸多突出问题亟待解决，安全生产形势依然严峻。为此，必须以践行习近平新时代中国特色社会主义思想的高度，从维护改革发展稳定、增加人民福祉的大局出发，以对党和人民高度负责的精神，认真落实党中央、国务院有关安全生产的指示精神，高度重视安全教育和培训工作对搞好煤矿安全工作的重要作用，牢固树立安全第一的思想，落实安全生产责任，切实加强煤矿安全生产工作。各类煤矿企业都要根据国家有关法律法规关于对企业从业职工进行安全教育和培训的规定，根据国家煤矿安监局提出的"管理、装备、素质、系统"四并重的煤矿安全基础工作理念，以及新颁布的《煤矿安全培训规定》要求，大力加强和规范煤矿安全教育和培训工作。

为了配合做好新形势下煤矿安全教育和培训工作，在中国煤炭工业安全科学技术学会煤矿安全技术培训委员会、应急管理部信息研究院的支持下，应急管理出版社与全国有关煤矿安全中心通力合作，根据当前我国煤矿安全培训的实际和要求，以2004年出版的《全国煤矿安全技术培训通用教材》为基础，对其进行了重新修订编写。它的编写出版，对于搞好煤矿安全培训工作，提高各类煤矿企业干部职工的整体安全技术素质，增强安全生产的意识和法制观念，使煤矿职工真正做到遵章守纪、安全作业，切实减少和杜绝事故，具有重要作用。特别是本次新编通用教材总结过去的经验，扬长避短，力求更具有系统性、科学性和准确性，突出其针对性、实用性。本次新编通用教材将煤矿安全生产知识、法律法规公共部分与专业安全技术理论知识分开编写出版；专业安全技术分册按照《煤矿特种作业安全技术实际操作考试标准（试行）》的要求增加了实操培训内容；各册封底配有二维码，可微信扫描进行模拟测试，测试题紧扣国家题库，课后多加练习有利于提高通过率。本次新编通用教材是一套对煤矿各级干部、工程技术人员、特种作业人员和新工人进行系统安全培训的好教材。

在教材编写过程中，得到了中国煤炭工业安全科学技术学会煤矿安全技术培训委员会、各煤矿安全技术培训中心和有关煤矿企业及大专院校的大力支持。在此，谨向上述单位与教材编审人员深表谢意。

编 者

二〇一九年三月

目　　录

安全技术知识

安全操作技能

安全技术知识

第一章　矿井瓦斯防治

第一节　矿井瓦斯基础知识

一、矿井瓦斯

矿井瓦斯是煤矿生产过程中必然遇到的一种有害气体，是成煤过程中的一种伴生产物，是指由煤层气构成的以甲烷为主的有害气体，有时单独指甲烷。矿井瓦斯来自煤层和煤系地层，它的形成经历了两个不同的造气过程，从植物遗体到形成泥炭，属于生物化学造气过程；从褐煤、烟煤到无烟煤，属于变质作用造气时期。由于在生化作用造气时期泥炭的埋藏较浅，覆盖层的胶结固化也不好，因此生成的气体通过渗透和扩散很容易排到大气中，一般不会保留在煤层内，留存在现今煤层中的瓦斯，仅是变质作用生成气体总量的 3% ~24%。

（一）瓦斯（甲烷）的性质

甲烷是一种无色、无味、无臭的气体，标准状态下 1 m^3 甲烷的质量为 0.7168 kg，与空气的相对密度为 0.554，比空气轻。甲烷无毒，但空气中甲烷浓度的升高会导致氧气浓度的降低，空气中甲烷达到一定浓度后，可使人因缺氧而窒息。甲烷具有燃烧、爆炸性，在一定条件下，如遇高温热源可引起燃烧或爆炸。瓦斯有很强的扩散性，扩散速度是空气的 1.34 倍。巷道内瓦斯浓度的分布取决于其涌出源的分布和涌出强度。当无瓦斯涌出源时，瓦斯在井巷断面内的分布是均匀的；当有瓦斯涌出源时，在其涌出的侧壁附近会出现瓦斯浓度增高。巷道顶板、冒落区顶部往往积聚高浓度瓦斯，这不是因为瓦斯表现出上浮力，而是说明这里有瓦斯涌出源。

（二）矿井瓦斯的危害

（1）瓦斯窒息。甲烷无毒，但空气中甲烷浓度升高时会导致氧气浓度降低，在压力不变的情况下，当甲烷浓度达到 43% 时，氧气浓度就会被冲淡到 12%，人就会感到呼吸困难；当甲烷浓度达到 57% 时，氧气浓度就会降到 9%，短时间内人员就会因缺氧窒息而死亡。

因此《煤矿安全规程》规定：凡井下盲巷或通风不良的地区，都必须及时封闭或设置栅栏，并悬挂"禁止入内"的警标，严禁人员入内。

（2）瓦斯的燃烧和爆炸。当瓦斯与空气混合达到一定浓度时，遇到高温火源就能燃烧或发生爆炸，一旦形成灾害事故，会造成大量井下作业人员的伤亡，严重影响和威胁矿井安全生产，会给国家财产和职工生命安全造成巨大损失，瓦斯爆炸事故是矿井五大自然灾害之首。

（三）瓦斯的赋存

1. 瓦斯在煤层中的垂直分带

在漫长的地质年代中，变质作用过程中生成的瓦斯在其压力差与浓度差的驱动下不断向大气中运移，而地表空气通过渗透和扩散也不断向煤层深部运移，这就导致沿煤层垂深出现了特征明显的 4 个分带，即 $CO_2 - N_2$ 带、N_2 带、$N_2 - CH_4$ 和 CH_4 带，如图 1-1 所示。各带的气体成分组成与含量见表 1-1，按照各带的成因和组分变化规律，第 Ⅰ、Ⅱ、Ⅲ 带又统称为瓦斯风化带，第 Ⅳ 带称为瓦斯带。

表 1-1 煤层垂向各瓦斯带主要特征

名称	成因	瓦斯成分/%		
		N_2	CO_2	CH_4
$CO_2 - N_2$	生物化学 - 空气	20 ~ 80	> 20	< 10
N_2	空气	> 80	< 10 ~ 20	< 20
$N_2 - CH_4$	空气 - 变质	< 80	< 10 ~ 20	< 80
CH_4	变质	< 20	< 10	> 80

确定瓦斯风化带和瓦斯带的深度是很重要的，因为在瓦斯带内，煤层中瓦斯含量、瓦斯压力以及在开采条件变化不大的前提下的瓦斯涌出量都随着深度的增加而有规律地增大。研究这些规律及影响因素，是防治矿井瓦斯灾害的基本工作之一。

2. 瓦斯的赋存状态

瓦斯在煤层及围岩中的赋存状态有两种：一种是游离状态，另一种是吸附状态，如图 1-2 所示。

（1）游离状态。这种状态的瓦斯以自由气体状态存在于煤层及围岩的孔洞中，其分子可自由运动，处于承压状态。

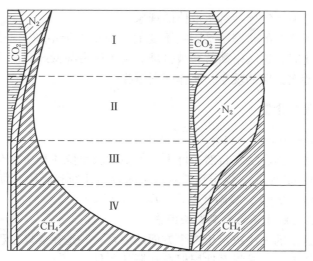

00.51.01.52.0m³/t　　0　20　40　60%

Ⅰ、Ⅱ、Ⅲ—瓦斯风化带；Ⅳ—瓦斯带

图1-1　煤层瓦斯垂向分带图

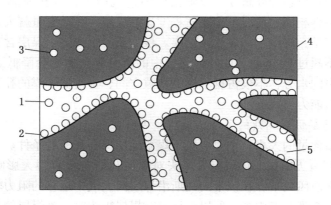

1—游离瓦斯；2—吸着瓦斯；3—吸收瓦斯；4—煤体；5—孔隙

图1-2　煤层瓦斯赋存状态示意图

　　（2）吸附状态。吸附状态的瓦斯按照结合形式的不同，又分吸着状态和吸收状态。吸着状态是指瓦斯被吸着在煤体或岩体微孔表面，在表面形成瓦斯薄膜；吸收状态是指瓦斯被溶解于煤体中，与煤的分子相结合，即瓦斯分子进入煤体胶粒结构，类似于气体溶解于液体的现象。

煤体中瓦斯存在的状态不是固定不变的，而是处于不断交换的动平衡状态，当条件发生变化时，这一平衡就会被打破。由于压力降低或温度升高使一部分吸附瓦斯转化为游离瓦斯的现象，叫作瓦斯解吸。

二、煤层瓦斯含量

（一）煤层瓦斯含量的概念

煤层瓦斯含量指煤层在自然条件下单位质量或单位体积所含有的瓦斯量，一般用 m^3/t 或 m^3/m^3 表示。煤层瓦斯含量包括游离瓦斯和吸附瓦斯两部分，其中游离瓦斯占 10% ~20% ，吸附瓦斯占 80% ~90% 。

（二）煤层瓦斯含量的主要影响因素

煤层瓦斯含量的大小决定于两个方面的因素：一是在成煤过程中伴生气体量和煤的含瓦斯能力，二是煤系地层保存瓦斯的条件。

1. 煤的变质程度

煤的变质程度决定了成煤过程中伴生的气体量和煤的含瓦斯能力。煤的变质程度越高，生成的气体量就越大，煤的微孔隙就越多，总的表面积就越大（1 kg 煤的孔隙表面积可达 200 m^2 ），吸附瓦斯的量就越大，含瓦斯能力就越强。因此，在其他条件相同的情况下，变质程度高的煤层，瓦斯含量就大；煤的变质程度增高的顺序是：褐煤、烟煤、无烟煤。根据实验室测定：煤层含有瓦斯的最大能力，一般不超过 60 m^3/t。此外，煤层中的灰分和杂质也会降低煤层吸附瓦斯的能力。煤中的水分，不仅占据了煤的孔隙空间，也占据了煤的孔隙表面，降低了煤的含瓦斯能力。

2. 煤系地层保存瓦斯的条件

煤层瓦斯含量的大小，主要取决于煤系地层保存瓦斯的条件。

（1）煤层有无露头。煤层有无露头对煤层瓦斯含量有很大影响。有露头时一般存在着瓦斯风化带，在该带内瓦斯沿煤层向大气中运移的阻力较小，煤层的瓦斯很容易放散到大气中去。所以，地表有煤层露头时，该煤层的瓦斯含量会很低。

（2）煤层埋藏深度。煤层埋藏深度增加，保存瓦斯的条件就变好，煤层吸附瓦斯的能力就加大，瓦斯放散就越困难，在瓦斯带内，煤层的瓦斯含量和瓦斯压力随埋藏深度的增加而增加。瓦斯压力梯度是指煤层埋藏深度每增加 1 m，煤层内瓦斯压力的增加值。

（3）围岩的透气性。煤层上覆和下伏岩层的透气性，对煤层瓦斯含量影响很大。煤层被透气性很低的岩层包围，煤层的瓦斯放散不出去，瓦斯含量就高；反之，瓦斯含量就低。

（4）煤层的地质史。成煤有机物沉积后，直到现今的变质作用阶段，经历了漫长的地质年代。其间，地层多次下降或上升，覆盖层加厚或遭受剥蚀，海相与陆相交替变化并伴有地质构造运动等。这些地质过程的形式和持续的时间对煤层瓦斯含量影响很大。一般来说，以下降、覆盖层加厚和海相沉积为主要变化的地质活动过程，会导致煤层瓦斯含量增高；反之，煤层瓦斯含量则降低。

（5）地质构造及其他条件。闭合的和倾伏的背斜或穹窿，通常是储存瓦斯构造，在其轴部区域形成瓦斯包，即所谓"气顶"。构造形成的煤层局部变厚的大型煤包，往往也是瓦斯包。断层对煤层瓦斯含量的影响与其性质有关，开放性断层（一般是指张性、张扭性或导水的压性断层等）会导致煤层瓦斯含量降低；封闭性断层（压性、压扭性或不导水断层）会导致煤层瓦斯含量升高。煤层倾角小，瓦斯沿层运移的路径长，阻力大，煤层瓦斯不易流失，导致煤层瓦斯含量大；反之，则煤层瓦斯含量小。地下水活跃的地区，通常煤层的瓦斯含量小。地下水对煤层瓦斯含量的降低作用表现在 3 个方面：一是长期的地下水活动，带走了部分溶解的瓦斯；二是地下水渗透的通道，同样可以成为瓦斯渗透的通道；三是地下水带走了溶解的矿物，使围岩及煤层卸压，透气性增大，造成了瓦斯的流失。

三、矿井瓦斯涌出

（一）矿井瓦斯涌出的形式

当煤层被开采时，煤体受到破坏，贮存在煤体内的部分瓦斯就会离开煤体而涌入采掘空间，这种现象叫作瓦斯涌出。

（1）普通涌出。瓦斯从采落的煤炭及煤层、岩层的暴露面上，通过细小的空隙缓慢而长时间地涌出。首先是游离瓦斯，而后是部分解吸的吸附瓦斯。普通涌出是瓦斯涌出的主要形式，不仅范围广，而且数量大。

（2）特殊涌出，如果煤层或岩层中含有大量瓦斯，采掘时，这些瓦斯有时会在极短的时间内，突然地、大量地涌出，可能还伴有煤粉、煤块或岩块，瓦斯的这种涌出形式称为特殊涌出。瓦斯特殊涌出是一种动力现象，分为瓦斯喷出和煤与瓦斯突出。瓦斯特殊涌出的范围是局部的、短暂的、突发性的，但其危害极大。

（二）矿井瓦斯涌出来源

掌握矿井瓦斯涌出的来源，是实行瓦斯分源治理的前提条件。按照瓦斯涌出地点和分布状况，瓦斯涌出来源可分为以下几种：

（1）煤岩壁瓦斯涌出。即从采掘工作面及巷道周围的煤壁中涌出的瓦斯。

（2）采落煤炭瓦斯涌出。即采掘工作面进行采煤和掘进时从落煤中涌出的瓦斯。

（3）采空区的瓦斯涌出。即从采空区的顶底板和浮煤中涌出的瓦斯。

（4）邻近煤层瓦斯涌出。即从邻近煤层中的煤岩壁、巷壁和落煤中涌出的瓦斯。

上述瓦斯构成了矿井瓦斯涌出总量，它们各自在总量中所占比例大小随着生产条件的改变而改变，其测定方法是：在全矿同时测定各区域的绝对瓦斯涌出量，然后分别计算出各自所占的百分比。

通过对瓦斯涌出来源及构成比例关系的分析，可以找出主要瓦斯涌出源，并采取相应措施进行重点控制与管理，尽量减少其涌出量。

（三）矿井瓦斯涌出量

1. 矿井瓦斯涌出量的概念与计算

矿井瓦斯涌出量是指在开采过程中，单位时间内或单位重量煤中涌出的瓦斯量，仅指普通涌出。表示矿井瓦斯涌出量的方法有两种。

（1）绝对瓦斯涌出量。绝对瓦斯涌出量是指单位时间内涌入采掘空间的瓦斯数量，用 m^3/min 或 m^3/d 表示，可用下式进行计算：

$$Q_{CH_4绝} = QC$$

式中　$Q_{CH_4绝}$——矿井（或采区）绝对瓦斯涌出量，m^3/min；

　　　Q——矿井（或采区）总回风量，m^3/min；

　　　C——矿井（或采区）总回风流中的瓦斯浓度，%；

（2）相对瓦斯涌出量。相对瓦斯涌出量是指在矿井正常生产条件下，月平均日产 1t 煤涌出的瓦斯量，用 m^3/t 表示，可用下式进行计算：

$$Q_{CH_4相} = 1440 Q_{CH_4绝} N/A$$

式中　$Q_{CH_4相}$——矿井（或采区）相对瓦斯涌出量，m^3/t；

　　　$Q_{CH_4绝}$——矿井（或采区）绝对瓦斯涌出量，m^3/min；

　　　A——矿井（或采区）月产煤量，t；

　　　N——矿井（或采区）的月工作天数。

必须指出，对于抽放瓦斯的矿井，在计算矿井瓦斯涌出量时，应包括抽放的瓦斯量。

2. 影响瓦斯涌出量的因素

矿井瓦斯涌出量并不是固定不变的，它随自然条件和开采技术条件的变化而变化。

（1）煤层瓦斯含量，它是影响矿井瓦斯涌出量的决定因素。被开采煤层的原始瓦斯含量越高，其涌出量就越大。如果开采煤层附近有瓦斯含量大的围岩或煤层（通常称为邻近层），由于采动影响，邻近层中的瓦斯就会沿采动裂隙涌入开采空间，导致实际瓦斯涌出量大于开采煤层的瓦斯含量。

（2）地面大气压力的变化。正常情况时，采空区及裂隙中的瓦斯与巷道风流处于相对平衡的状态。当大气压力突然降低时，就会破坏原来的平衡状态，瓦斯涌出的数量就会增大；反之，瓦斯涌出量变小。因此，当地面大气压突然下降时，必须百倍警惕，加强对采空区和密闭区附近的瓦斯检查。否则，可能造成重大事故。

（3）开采规模。开采规模是指矿井的开采深度、开拓开采的范围以及矿井产量。开采深度越大，煤层瓦斯含量越高，瓦斯涌出量就越大；开拓与开采范围越大，瓦斯涌出的暴露面积越大，其涌出量就越大；在其他条件相同时，产量高的矿井其瓦斯涌出量一般较大。

（4）开采程序。厚煤层分层开采时，第一分层（上分层）的瓦斯涌出量最大，这是由于采动影响，其他分层中的瓦斯也会沿裂隙透出的缘故。显然，对顶底部邻近层都已采过的煤层，其开采过程中的瓦斯涌出量会显著减少。

（5）采煤方法与顶板控制。机械化采煤时，煤的破碎较严重，瓦斯涌出量高；水力采煤时，水包围着采落的煤体，对其中的瓦斯排出起阻碍作用，导致湿煤中残余的瓦斯含量增大，其瓦斯涌出量较小。采用全部陷落法控制顶板时，由于能够造成顶底板更大范围的松动，以及采空区存留大量散煤等原因，其瓦斯涌出量比采用充填法控制顶板时要高。另外，采出率低的采煤方法，瓦斯涌出量相对高一些。

（6）生产工序。同一采煤工作面，爆破或割煤时的瓦斯涌出量最高，较该面平均涌出量可高出一倍或几倍。

（7）通风压力。采用负压通风（抽出式）的矿井，风压越高瓦斯涌出量越大，而采用正压通风（压入式）的矿井，风压越高瓦斯涌出量越小。这主要是风压与瓦斯涌出压力相互作用的结果。

（8）采空区管理。一般来说，多数采空区都积存有大量瓦斯，其管理方法及好坏程度对瓦斯涌出量影响很大。例如，该封闭而未封闭或密闭质量很差，就会造成采空区瓦斯向外涌出。对采空区进行合理抽放就会降低矿井的实际瓦斯涌出量。

总之，矿井瓦斯涌出量的影响因素很多，但有主有次，应根据不同矿井的具体条件，找出其主要因素及影响规律，以制定和采取针对性的防治措施。

四、矿井瓦斯等级划分及瓦斯浓度标准

（一）矿井瓦斯等级划分的目的

矿井瓦斯等级是矿井瓦斯涌出量大小和安全程度的基本标志。由于不同煤田瓦斯生成与赋存的条件不同，开采时不同矿井的瓦斯涌出量就有很大差异。为保障安全生产，并做到经济合理，必须对矿井瓦斯等级进行划分。不同瓦斯等级矿井所选用的通风设备、供风标准及有关管理制度都应有所不同。根据瓦斯涌出量和涌出形式将矿井瓦斯划分为不同等级，对矿井瓦斯实行分级管理，是十分必要的。

（二）矿井瓦斯等级划分的依据

《煤矿安全规程》规定：一个矿井中只要有一个煤（岩）层发现瓦斯，该矿井即为瓦斯矿井，瓦斯矿井必须依照矿井瓦斯等级进行管理。

矿井瓦斯等级划分为：瓦斯矿井、高瓦斯矿井和煤（岩）与瓦斯（二氧化碳）突出矿井。

（1）同时满足下列条件的为低瓦斯矿井：矿井相对瓦斯涌出量不大于 $10 \ m^3/t$；矿井绝对瓦斯涌出量不大于 $40 \ m^3/min$；矿井任一掘进工作面绝对瓦斯涌出量不大于 $3 \ m^3/min$；矿井任一采煤工作面绝对瓦斯涌出量不大于 $5 \ m^3/min$。

（2）高瓦斯矿井。具备下列条件之一的为高瓦斯矿井：矿井相对瓦斯涌出量大于 $10 \ m^3/t$；矿井绝对瓦斯涌出量大于 $40 \ m^3/min$；矿井任一掘进工作面绝对瓦斯涌出量大于 $3 \ m^3/min$；矿井任一采煤工作面绝对瓦斯涌出量大于 $5 \ m^3/min$。

（3）具备下列情形之一的矿井为突出矿井：发生过煤（岩）与瓦斯（二氧化碳）突出的；经鉴定具有煤（岩）与瓦斯（二氧化碳）突出煤（岩）层的；依照有关规定有按照突出管理的煤层，但在规定期限内未完成突出危险性鉴定的。

瓦斯矿井每 2 年进行一次瓦斯等级鉴定，高瓦斯矿井和突出矿井不再进行周期性瓦斯等级鉴定工作，但应每年测定和计算矿井、采区、工作面瓦斯涌出量。经鉴定或者认定为突出矿井的，不得改定为瓦斯矿井或高瓦斯矿井。

（三）《煤矿安全规程》对瓦斯浓度的有关规定与处理要求

（1）矿井总回风巷或者一翼回风巷中甲烷或者二氧化碳浓度超过 0.75% 时，必须立即查明原因，进行处理。

（2）采区回风巷、采掘工作面回风巷风流中甲烷浓度超过 1.0% 或者二氧化碳浓度超过 1.5% 时，必须停止工作，撤出人员，采取措施，进行处理。

（3）采掘工作面及其他作业地点风流中甲烷浓度达到 1.0% 时，必须停止用电钻打眼；爆破地点附近 20 m 以内风流中甲烷浓度达到 1.0% 时，严禁爆破。

（4）采掘工作面及其他作业地点风流中、电动机或者其开关安设地点附近 20 m 以内风流中的甲烷浓度达到 1.5% 时，必须停止工作，切断电源，撤出人员，进行处理。

（5）采掘工作面及其他巷道内，体积大于 0.5 m³ 的空间内积聚的甲烷浓度达到 2.0% 时，附近 20 m 内必须停止工作，撤出人员，切断电源，进行处理。

（6）对因甲烷浓度超过规定被切断电源的电气设备，必须在甲烷浓度降到 1.0% 以下时，方可通电开动。

（7）采掘工作面风流中二氧化碳浓度达到 1.5% 时，必须停止工作，撤出人员，查明原因，制定措施，进行处理。

（8）临时停工的地点，不得停风；否则必须切断电源，设置栅栏、警标，禁止人员进入，并向矿调度室报告。

（9）停工区内甲烷或者二氧化碳浓度达到 3.0% 或者其他有害气体浓度超过《煤矿安全规程》的规定不能立即处理时，必须在 24 h 内封闭完毕。恢复已封闭的停工区或者采掘工作接近这些地点时，必须事先排除其中积聚的瓦斯。排除瓦斯工作必须制定安全技术措施。严禁在停风或者瓦斯超限的区域内作业。

（10）局部通风机因故停止运转，在恢复通风前，必须首先检查瓦斯，只有停风区中最高甲烷浓度不超过 1.0% 和最高二氧化碳浓度不超过 1.5%，且局部通风机及其开关附近 10 m 以内风流中的甲烷浓度都不超过 0.5% 时，方可人工开启局部通风机，恢复正常通风。

（11）停风区中甲烷浓度超过 1.0% 或者二氧化碳浓度超过 1.5%，最高甲烷浓度和二氧化碳浓度不超过 3.0% 时，必须采取安全措施，控制风流排放瓦斯。

（12）停风区中甲烷浓度或者二氧化碳浓度超过 3.0% 时，必须制定安全排放瓦斯措施，报矿总工程师批准。

（13）在排放瓦斯过程中，排出的瓦斯与全风压风流混合处的甲烷和二氧化碳浓度均不得超过 1.5%，且混合风流经过的所有巷道内必须停电撤人，其他地点的停电撤人范围应当在措施中明确规定。

（14）只有恢复通风的巷道风流中甲烷浓度不超过 1.0% 和二氧化碳浓度不超过 1.5% 时，方可人工恢复局部通风机供风巷道内电气设备的供电和采区回风系统内的供电。

（15）井筒施工以及开拓新水平的井巷第一次接近各开采煤层时，必须按掘进工作面距煤层的准确位置，在距煤层垂距 10 m 以外开始打探煤钻孔，钻孔超前工作面的距离不得小于 5 m，并有专职瓦斯检查工经常检查瓦斯。

（16）岩巷掘进遇到煤线或者接近地质破坏带时，必须有专职瓦斯检查工经常检查瓦斯，发现瓦斯大量增加或者其他异常时，必须停止掘进，撤出人员，进行处理。

（17）符合《煤矿安全规程》规定的串联通风系统中，必须在进入被串联工作面的进风风流中瓦斯和二氧化碳浓度不超过 0.5%。

（18）采掘工作面进风风流中，二氧化碳浓度不超过 0.5%。

第二节　瓦斯爆炸与防治

一、瓦斯爆炸的基本条件

1. 瓦斯浓度达到爆炸界限

瓦斯爆炸具有一定的浓度范围，只有在这个浓度范围内，瓦斯才能够爆炸，这个范围称为瓦斯爆炸的界限。最低爆炸浓度叫爆炸下限，最高爆炸浓度叫爆炸上限。在新鲜空气中，瓦斯爆炸的界限一般认为是 5% ～16%。当瓦斯浓度低于 5% 时，由于参加化学反应的瓦斯较少，不能形成热量积聚，因此，不能爆炸，只能燃烧。燃烧时，在火焰周围形成比较稳定的、呈现蓝色或淡青色的燃烧层。当瓦斯浓度达到 5%（下限），瓦斯就能爆炸；浓度在 5% ～9.5% 时，爆炸威力逐渐增强；在浓度为 9.5% 时，因为空气中的全部瓦斯和氧气都能参加反应，所以，这时的爆炸威力最强；瓦斯浓度在 9.5% ～16%（上限）时，爆炸威力呈逐渐减弱的趋势；当浓度高于 16% 时，由于空气中的氧气不足，满足不了氧化反应的全部需要，只能有部分瓦斯与氧气发生反应，所生成的热量被多余的瓦斯和周围介质吸收而降温，所以也就不能发生爆炸。

2. 一定温度的引爆火源

瓦斯爆炸的第二个基本条件是高温火源的存在，点燃瓦斯所需的最低温度，称为引火温度。瓦斯的引火温度一般认为是 650～750 ℃。明火、煤炭自燃、电气火花、赤热的金属表面、吸烟、爆破、安全灯网罩、架线火花，甚至撞击和摩擦产生的火花等都足以引燃瓦斯。因此，消灭井下一切火源是防止瓦斯爆炸的重要措施之一。

3. 充足的氧气含量

实验表明，瓦斯爆炸界限随着混合气体中氧气浓度的降低而缩小，氧气浓度降低时，瓦斯爆炸下限缓缓地提高，而瓦斯爆炸的上限则迅速下降，当氧气浓度降到12%，混合气体中的瓦斯就失去了爆炸性，遇火也不会爆炸。由于氧气含量低于12%时，短时间内就能导致人窒息死亡，因此《煤矿安全规程》规定，井下工作地点的氧气含量不得低于20%，而且在正常生产的矿井中，采用降低空气中的氧气含量来防止瓦斯爆炸是没有实际意义的。但是，对于已封闭的火区，采取降低氧气含量的措施，却有着十分重要的意义，因为火区内往往积存有大量瓦斯，且有火源存在，如果不按规定封闭火区或火区封闭不严造成大量漏风，一旦氧气浓度达到12%以上时，就有发生爆炸的可能。

二、瓦斯爆炸产生的危害

1. 产生高温

试验研究表明，当瓦斯浓度为9.5%时，爆炸时产生的瞬时温度，在自由空间可达1850℃，在封闭的空间内高达2650℃。由于井下巷道是半封闭空间，其内的瓦斯爆炸温度在1850℃与2650℃之间，而这样高的温度，不仅会烧伤人员、烧坏设备，还可能引起井下火灾，扩大灾情。

2. 产生高压

瓦斯爆炸产生的高温，会使气体突然膨胀引起气体压力的骤然增大，再加上爆炸波的叠加作用或瓦斯连续爆炸，爆炸产生的冲击压力会很高。据测定，瓦斯爆炸后的压力约为爆炸前的10倍。在高温高压的作用下，爆源处的气体以每秒几百米的速度向前冲击，瓦斯爆炸时，常常伴生两种冲击。

正向冲击：在爆炸产生的高温、高压作用下，爆源附近的气体以极大的速度向四周扩散，在所经过的路程上形成威力巨大的冲击波的现象，称为正向冲击。发生正向冲击时，由于冲击气流具有高温、高压，因此能够造成人员伤亡，巷道和器材设施的破坏，能扬起大量煤尘使之参与爆炸，产生更大的破坏力，还可能点燃坑木或其他可燃物而引起火灾。

反向冲击：爆炸发生后由于爆炸气体从爆源处高速向外冲击，加上爆炸后生成的一部分水蒸气又很快冷却和凝聚，因而，在爆源附近就形成了气体稀薄的低压区。这样，在压差的作用下，爆炸气体就会连同爆源外围的气体又以极高的速度反向冲回爆炸地点，这一过程称为反向冲击。虽然反向冲击的力量较正向冲击的力量小，但由于它是沿着已经遭受破坏的区域内的反冲，所以其破坏性更大，尤其应当指出的是，如果反向冲击的空气中含有足够的瓦斯和氧气，而爆源附近的火源尚未熄灭，或有因爆炸而产生的新火源存在时，就可能造成二次爆炸。

3. 产生大量的有毒有害气体

瓦斯爆炸后，将产生大量有害气体，据分析，瓦斯爆炸后的空气成分为：氧气 6% ~10%、氮气 82% ~88%、二氧化碳 4% ~8%、一氧化碳 2% ~4%。爆炸后生成的如此大量的一氧化碳是造成人员大量伤亡的主要原因;如果有煤尘参与爆炸,一氧化碳生成量就会更大,危害就更为严重。统计资料表明,在发生的瓦斯、煤尘爆炸事故中,死于一氧化碳中毒的人数占总死亡人数的 70% 以上。因此《煤矿安全规程》规定,入井人员必须佩戴自救器。

三、影响瓦斯爆炸的因素

1. 可燃性气体的混入

在瓦斯和空气的混合气体中,如果有一些可燃性气体混入,像硫化氢、乙烷等,这些气体本身具有爆炸性,不仅增加了爆炸气体的总浓度,而且会使瓦斯爆炸下限降低,从而扩大了瓦斯爆炸的界限。

2. 爆炸性煤尘的混入

当瓦斯和空气的混合气体中混入了爆炸性煤尘,由于煤尘本身遇到火源会放出可燃性气体,因而会使瓦斯爆炸下限降低。

3. 惰性气体的混入

瓦斯和空气的混合体中,惰性气体的混入会使氧气的含量降低,因而可以缩小瓦斯的爆炸界限,降低瓦斯爆炸的危险性。

4. 混合气体的压力

混合气体的压力越大,所需的点火温度就越低,也就越容易发生瓦斯爆炸事故。

5. 混合气体的初始温度

混合气体的初始温度越高,瓦斯爆炸的界限就越大。

6. 瓦斯浓度与点火温度

不同的瓦斯浓度,所需的点火温度不同。瓦斯浓度在 7% ~8% 时,所需的点火温度最低,也就最容易发生瓦斯爆炸。

四、防止瓦斯爆炸的措施

1. 防止瓦斯积聚的措施

(1) 加强通风管理工作,采用合理的通风系统,确保矿井供风持续、稳定、安全可靠。

(2) 加强瓦斯检查及管理工作,严格按照《煤矿安全规程》对瓦斯检查的地点、次数和管理要求进行瓦斯检查和管理。

(3) 及时处理局部积聚的瓦斯(如工作面上隅角或采空区边界、切割中的采煤机附近、顶板冒落处等容易积聚瓦斯的地点)。

(4) 按照《煤矿安全规程》的有关规定进行抽放瓦斯 (煤层瓦斯抽放或采空区瓦斯抽放等)。

2. 防止引燃瓦斯的措施

(1) 严禁携带烟草及点火工具下井;严禁穿化纤衣服入井;井下禁止使用电炉;严禁拆卸、敲打、撞击矿灯;井口房、瓦斯抽放站、通风机房周围 20 m内禁止使用明火;井下电、气焊工作应严格审批手续并制定有效的安全措施;加强井下火区管理等。

(2) 井下爆破作业人员必须使用煤矿许用电雷管和煤矿许用炸药,且质量合格,严禁使用不合格或变质电雷管或炸药,严格执行"一炮三检"制度。爆破作业必须认真执行报告和联锁制度,由带班队长向矿调度室报告瓦斯、煤尘、支护等情况,经同意后方可进行爆破,严禁擅自爆破。

(3) 加强井下机电和电气设备管理,防止出现电气火花。

(4) 加强井下机械的日常维护和保养工作,防止机械摩擦火花引燃瓦斯。

3. 防止瓦斯爆炸灾害范围扩大的措施

(1) 实行分区式通风,各水平、采区或工作面都应有其独立的进、回风系统。

(2) 通风系统力求简单,不用的巷道及时封闭。

(3) 装有主要通风机的井口,必须设置防爆门或防爆井盖,以便在井下发生瓦斯爆炸时,冲击波将防爆门 (或井盖) 冲开,释放能量,防止通风机受到破坏。

(4) 矿井主要通风机必须装有反风设备,并做到每季度至少检查一次,每年至少进行一次反风演习,操作时间和反风风量达到《煤矿安全规程》的规定要求,保证在处理事故需要紧急反风时能灵活使用。

(5) 隔爆设施是根据瓦斯或煤尘爆炸时所产生的冲击波与火焰的速度差的原理设计的。爆炸时产生的冲击波在前,可使隔爆设施动作,将随后而来的火焰扑灭、隔离,从而使爆炸灾害范围不再扩大。在连接两翼、相邻采区、相邻煤层的巷道中,设置岩粉棚或水槽棚、水幕撒布岩粉,以阻止瓦斯爆炸火焰的传播。

(6) 编制《矿井灾害预防与处理计划》,每季度根据矿井变化的情况进行修订和补充,并且组织所有入井职工认真学习、贯彻,使每个入井人员都能了解和熟悉一旦发生瓦斯爆炸时的撤出和躲避的路线与地点,每年由矿长组织一次实战演习。

(7) 佩戴自救器。每个入井人员不仅要随身佩戴自救器,还要懂原理、会使用，在发生瓦斯爆炸或其他灾害时，能安全逃生。

第三节　煤与瓦斯突出与防治

一、煤与瓦斯突出概述

在煤矿井下由于地应力和瓦斯（二氧化碳）的共同作用，在极短的时间内，破碎的煤和瓦斯由煤体内或岩体内突然向采掘空间抛出的异常动力现象，称为煤与瓦斯突出。

当发生煤与瓦斯突出时，采掘工作面的煤壁将遭到破坏，大量的煤与瓦斯将从煤层内部，以极快的速度向巷道或采掘空间喷出，充塞巷道，煤层中会形成孔洞。同时由于伴随有强大的冲击力，巷道设施会被摧毁，通风系统会被破坏，甚至发生风流逆转，还可能造成人员窒息和发生瓦斯爆炸、燃烧及煤流埋人事故。

二、煤与瓦斯突出的预兆及规律

（一）煤与瓦斯突出的预兆

绝大多数的煤与瓦斯突出在发生前都有预兆，没有预兆的突出是极少数的。突出的预兆可分为有声预兆和无声预兆。

1. 有声预兆

（1）响煤炮。由于各矿区、各采掘工作面的地质条件、采掘方法、瓦斯及煤质特征的不同，所以预兆声音的大小、间隔时间、在煤体深处发出的响声种类也不同。有的像炒豆似的噼噼啪啪声，有的似跑车一样的闷雷、嘈杂、沙沙声、嗡嗡声以及气体穿过含水裂隙时的吱吱声等。

（2）其他声音预兆。发生突出前，因压力突然增大，支架会嘎嘎响并有劈裂折断声，煤岩壁会开裂，打钻时会喷煤、喷瓦斯等。

2. 无声预兆

（1）煤层结构构造方面表现为：煤层层理紊乱，煤变软、变暗淡、无光泽，煤层干燥和煤尘增大，煤层受挤压褶曲变粉碎、厚度变大、倾角变陡。

（2）地压显现方面表现为：压力增大，使支架变形，煤壁外鼓、片帮、掉碴，顶底板出现凸起台阶、断层、波状鼓起，手扶煤壁感到震动和冲击，炮眼变形装不进药，打眼时垮孔、顶钻夹钻等。

（3）其他方面的预兆有：瓦斯涌出异常，忽大忽小，煤尘增大，空气气味异常、闷人，有时变热。

上述突出预兆并非每次突出时都同时出现，而是出现一种或几种。当发现有突出的预兆时，现场人员要立即按避灾路线撤离。撤离时每个人都必须佩戴好隔离式自救器，同时要将发生突出的地点、预兆情况以及人员撤离情况向调度室汇报；立即切断突出地点及回风流中的一切电气设备的电源，撤离现场要关闭反向风门，并在突出区域或瓦斯流区域内设置栅栏，以防人员进入。当确定不能撤离突出的灾区时，要进入就近的避难硐室，关好铁门，打开供气阀，做好自救。

（二）煤与瓦斯突出的一般规律

国内外煤与瓦斯突出的统计资料表明，煤与瓦斯突出的发生有以下规律：

1. 地压是发动突出的主要动力

（1）突出的危险性随着煤层埋藏深度的增大而增大。

（2）采掘工作形成的集中应力区是突出密集区。

（3）突出危险区集中在地质构造带呈带状分布。

（4）产生强烈震动的采掘作业可能诱发突出。

（5）受煤自重的影响，上山掘进工作面发生突出的次数多，强度小；下山掘进工作面发生突出的次数少，强度稍大。

2. 瓦斯是抛出煤体完成突出过程的主要动力

（1）突出危险煤层的瓦斯压力一般为 $0.7 \sim 1$ MPa，同一煤层中瓦斯压力越大的区域，突出的危险性越大。

（2）突出危险煤层的瓦斯含量和开采时的瓦斯涌出量都在 10 m³ 以上。突出发生时，吨煤瓦斯喷出量是煤层瓦斯含量的几倍至几百倍。突出气体的种类主要是甲烷，个别矿井突出二氧化碳，突出瓦斯中含有少量重烃类气体。

3. 煤的物理力学性质决定突出发生发展的难易

（1）突出的次数和强度随着煤层厚度，特别是软分层厚度的增加而增多，突出最严重的煤层一般是最厚的主采煤层。

（2）突出危险性随着煤层倾角的增大而增加。

（3）突出煤层的特点是强度低，手捻能成粉末，煤层结构软硬相同。

三、防治煤与瓦斯突出的措施

在防治煤与瓦斯突出的实践中，我国总结了一套行之有效的综合防突措施，分为区域综合防突措施和局部综合防突措施两种。区域综合防突措施包括区域突出危险性预测、区域防突措施、区域防突措施效果检验和区域验证；局部综合防突措施包括工作面突出危险性预测、工作面防突措施、工作面措施效果检验和安全防护措施等。

（一）区域综合防突措施

目前采用的区域综合防突措施，包括开采保护层、预抽煤层瓦斯和煤体注水等。

（1）开采保护层。在突出矿井中，在煤层群中首先开采的并能使相邻的突出煤层消除突出危险的煤层叫保护层。位于被保护层上部的保护层叫上保护层，位于被保护层下部的保护层叫下保护层。开采保护层是防治煤与瓦斯突出最有效、最经济的措施之一。保护层开采后，被保护层中对应区域内的煤体被充分卸压，导致煤层和围岩中积蓄的弹性能被释放，减弱了发动突出的主要动力；煤体卸压后会产生大量裂隙，使煤层的透气性增加，造成瓦斯潜能的释放，减弱了完成突出过程的主要动力；高压瓦斯的大量释放，使煤层瓦斯的含量降低，导致煤体强度增加，煤的坚固性系数可提高一倍以上，这就增大了突出的阻力，这些因素综合作用的结果，必然导致被保护层突出危险的消失。

（2）预抽煤层瓦斯。开采保护层时，已有瓦斯抽放系统的矿井，应同时抽放被保护层的瓦斯。单一煤层和无保护层开采的突出危险煤层，经试验预抽瓦斯有效果时，也必须采用抽放瓦斯的措施。煤层抽放瓦斯后，大量高压瓦斯的排放导致瓦斯潜能的释放，减弱了完成突出过程的主要动力。大量瓦斯的排放，直接导致煤体强度的增大，增加了突出的阻力；另一方面，大量瓦斯的排放又导致了煤体的卸压，释放了积蓄在煤体和围岩中的弹性能，减弱了发动突出的主要动力，这些因素综合作用的结果，消除了突出的危险。

（3）煤体注水。压力水进入煤层可以破碎工作面附近的煤体。水进入煤层内部的裂缝和孔隙后，可使原始煤体湿润，改变煤的力学性质，增加了煤的可塑性和柔性，降低了煤的弹件，使煤体疏松；可减小煤体内部的应力集中和瓦斯放散初速度，应力分布变得比较均匀，使集中应力峰值移入煤体深处，巷道工作面前方应力集中系数减小，在采掘过程中煤体弹性能的释放变得比较缓慢。同时，水进入煤体后封闭了瓦斯流动的通道并将瓦斯向煤体内部挤压，提高了煤体承受压力的能力（煤的微孔直径越小，承受压力的能力越大），降低了瓦斯破碎煤体的可能性；另一方面，水浸入煤体的微孔隙后使瓦斯难以排放，煤体注水能够有效地起到防止突出的作用。

（二）局部综合防突措施

1. 石门揭煤工作面防突措施

石门和其他岩石井巷揭穿突出危险煤层时的防突措施，除抽放瓦斯外，还有水力冲孔、排放钻孔、水力冲刷、金属骨架等。

（1）水力冲孔。当石门揭煤打钻出现喷煤、喷瓦斯的自喷现象时，可采用水力冲孔措施进行揭煤。即以岩柱或煤柱作为屏障，在向煤层打钻的同时送入一定压力的水，部分地破坏煤体可造成应力的不平衡，导致喷孔的发生和发展，喷出的煤、水和瓦斯可通过管道输送到远离工作面的地方分离。

（2）排放钻孔。排放钻孔是在石门掘至离煤层垂距 5~8 m 处，向突出危险煤层沿倾斜和走向均匀地布置 2~3 圈钻孔，控制范围达到石门周边外 3~5 m，形成足够的卸压和排放瓦斯范围。在设计要求的范围内，瓦斯压力全部降到 0.74 MPa 以下。该措施适用于不同厚度和倾角的突出煤层，对瓦斯压力较高的煤层，也有较好的防突效果。

（3）水力冲刷。水力冲刷是利用高压水枪冲刷石门工作面前方煤体，形成超前孔洞，使煤体得到卸压和排放瓦斯，以消除石门揭煤时的突出危险性。水力冲刷的主要问题是冲刷出的煤和瓦斯就地排放，形成了工作地点不安全的环境。

（4）金属骨架。金属骨架是用于石门揭煤的一种超前支架。在距煤层 2~3 m 时，在工作面上部和两侧周边打钻孔，钻孔要穿透煤层全厚并进入岩层 0.5 m，单排孔间距一般不大于 0.3 m，双排孔间距一般不大于 0.2 m，然后在钻孔中插入长度大于孔深 0.5 m 以上的钢管或钢轨，将其尾部固定架牢，形成一个整体护架。金属骨架措施的防突作用一是钻孔卸压；二是钻孔排瓦斯；三是保护煤体，增大突出的阻力。

2. 煤巷掘进工作面防治突出措施

有突出危险的煤巷掘进工作面应当优先选用超前钻孔（包括超前预抽瓦斯钻孔、超前排放钻孔）防突措施，如果采用松动爆破、水力冲孔、水力疏松或其他工作面防突措施时，必须经试验考察确认防突措施有效后方可使用。下山掘进时，不得选用水力冲孔、水力疏松措施；倾角 8°以上的上山掘进工作面不得选用松动爆破、水力冲孔、水力疏松措施。

（1）超前钻孔（包括大直径钻孔）。适用于煤层透气性较好、钻孔的有效影响半径大于 0.7 m、煤质稍硬的突出煤层。钻孔长度不得小于 10 m，钻孔超前掘进工作面的距离不得小于 5 m。巷道两侧轮廓线外钻孔的最小控制范围：近水平、缓倾斜煤层 5 m，倾斜、急倾斜煤层上帮 7 m、下帮 3 m。当煤层厚度大于巷道高度时，在垂直煤层方向上的巷道上部煤层控制范围不小于 7 m，巷道下部煤层控制范围不小于 3 m；超前钻孔的直径一般为 75~120 mm，地质条件变化剧烈地带也可采用 42~75 mm 的钻孔。若钻孔直径超过 120 mm 时，必须采用专门的钻进设备和制定专门的施工安全措施。

（2）松动爆破。松动爆破是在工作面前方打若干个一定深度的炮眼，通过爆破使周围煤体破碎、使应力集中带向煤体深部推移，达到卸压和排放瓦斯的作用。该措施适用于煤质较硬、突出强度较小的煤层。松动爆破的孔径为 42 mm，孔深不得小于 8 m，超前距不得小于 5 m，松动爆破应至少控制到巷道轮廓线外 3 m 的范围。

（3）水力冲孔。在厚度不超过 4 m 的突出煤层，按扇形布置至少 5 个孔，在地质构造破坏带或煤层较厚时，适当增加孔数，孔底间距控制在 3 m 左右，孔深通常为 20～25 m，冲孔钻孔超前掘进工作面的距离不得小于 5 m，冲孔孔道沿软分层前进。冲孔前，掘进工作面必须架设迎面支架，并用木板和立柱背紧背牢，对冲孔地点的巷道支架必须检查和加固；冲孔后或暂停冲孔时，退出钻杆，并将导管内的煤冲洗出来，以防止煤、水、瓦斯突然喷出伤人。

（4）水力疏松。沿工作面间隔一定距离打浅孔，钻孔与工作面推进方向一致，然后利用封孔器封孔，向钻孔内注入高压水，注水参数应根据煤层性质合理选择，或采用钻孔间距 4.0 m，孔径 42～50 mm，孔长 6.0～10 m，封孔 2～4 m，注水压力 13～15 MPa，注水时应在煤壁已出水或注水压力下降 30% 后方可停止注水；水力疏松后的允许推进度，一般不宜超过封孔深度，其孔间距不超过注水有效半径的两倍；单孔注水时间不低于 9 min。若提前漏水，则在邻近钻孔 2.0 m 左右处补打注水钻孔。

（5）卸压槽。卸压槽是近年来推广应用的一种预防煤与瓦斯突出和冲击地压的方法。它是沿巷道两帮预先切割出一定宽度的缝槽，保持一定的超前距，使巷道前方一段距离内的煤体与煤层母体部分脱离，在卸压槽的保护范围内掘进，可以避免突出或冲击地压的发生。

（6）前探支架。前探支架可用于松软煤层的平巷工作面。一般是向工作面前方打钻孔，孔内插入钢管或钢轨，其长度可按两次掘进循环的长度再加 0.5 m，每掘进一次打一排钻孔，形成两排钻孔交替前进，钻孔间距为 0.2～0.3 m。

3. 采煤工作面防治突出措施

采煤工作面可采用的工作面防突措施有超前排放钻孔、预抽瓦斯、松动爆破、浅孔注水湿润煤体或其他经试验证实有效的防突措施。

（1）超前排放钻孔和预抽瓦斯。钻孔直径一般为 75～120 mm，钻孔在控制范围内应当均匀布置，在煤层的软分层中可适当增加钻孔数；超前排放钻孔和预抽钻孔的孔数、孔底间距等应当根据钻孔的有效排放或抽放半径确定。

（2）松动爆破。适用于煤质较硬、围岩稳定性较好的煤层，松动爆破孔间距根据实际情况确定，一般 2～3 m，孔深不小于 5 m，炮泥封孔长度不得小于 1 m，应当适当控制装药量，以免孔口煤壁垮塌。

（3）浅孔注水湿润煤体。可用于煤质较硬的突出煤层，注水孔间距根据实际情况确定，孔深不小于 4 m，向煤体注水压力不得低于 8 MPa，当发现水由煤壁或相邻注水钻孔中流出时，即可停止注水。

4. 安全防护措施

井巷揭穿突出煤层和在突出煤层中进行采掘作业时，必须采取震动爆破、远距离爆破、避难硐室、反向风门、压风自救系统等安全防护措施。

（1）避难所。有突出煤层的采区必须设置采区避难所，避难所应符合的要求：避难所设置向外开启的隔离门，隔离门设置标准按照反向风门标准安设，室内净高不得低于 2 m，深度满足扩散通风的要求，长度和宽度应根据可能同时避难的人数确定，但至少能满足 15 人避难，且每人使用面积不得少于 0.5 m²；避难所内支护保持良好，并设有与矿（井）调度室直通的电话；避难所内放置足量的饮用水、安设供给空气的设施，每人供风量不得少于 0.3 m³/min。如果用压缩空气供风时，设有减压装置和带有阀门控制的呼吸嘴；避难所内应根据设计的最多避难人数配备足够数量的隔离式自救器。

（2）震动爆破。震动爆破必须由矿技术负责人统一指挥，并有矿山救护队在指定地点值班，爆破 30 min 后矿山救护队员方可进入工作面检查，应根据检查结果，确定采取恢复送电、通风、排除瓦斯等具体措施。震动爆破必须采用铜脚线的毫秒雷管，雷管总延期时间不得超过 130 ms，严禁跳段使用。电雷管使用前必须进行导通试验。电雷管的连接必须使通过每一电雷管的电流达到其引爆电流的 2 倍。爆破母线必须采用专用电缆，并尽可能减少接头，有条件的可采用遥控发爆器。震动爆破应一次全断面揭穿或揭开煤层，如果未能一次揭穿煤层，在掘进剩余部分时（包括掘进煤层和进入底板 2 m 范围内），必须按震动爆破的安全要求进行爆破作业。

（3）反向风门。在突出煤层的石门揭煤和煤巷掘进工作面进风侧，必须设置至少 2 道牢固可靠的反向风门，风门之间的距离不得小于 4 m，反向风门距工作面回风巷不得小于 10 m，与工作面的最近距离一般不得小于 70 m，如小于 70 m 时应设置至少三道反向风门，人员进入工作面时必须把反向风门打开、顶牢。工作面爆破和无人时，反向风门必须关闭。

（4）挡栏设施。为降低爆破诱发突出的强度，可根据情况在炮掘工作面安设挡栏。挡栏可以用金属、矸石或木垛等构成。金属挡栏一般是由槽钢排列成的方格框架，框架中槽钢的间隔为 0.4 m，槽钢彼此用卡环固定，使用时在迎工作面的框架上再铺上金属网，然后用木支柱将框架撑成 45°的斜面，一组挡栏通常由两架组成，间距为 6~8 m，挡栏距工作面的距离可根据预计的突出强度在设计中确定。

（5）远距离爆破。井巷揭穿突出煤层和突出煤层的炮掘、炮采工作面必须采取远距离爆破安全防护措施。石门揭煤采用远距离爆破时，必须制定包括爆破地点、避灾路线及停电、撤人和警戒范围等的专项措施；在矿井尚未构成全风压通风的建井初期，在石门揭穿有突出危险煤层的全部作业过程中，与此石门有关的其他工作面必须停止工作，在实施揭穿突出煤层的远距离爆破时，井下全部人员必须撤至地面，井下必须全部断电，立井口附近地面 20 m 范围内或斜井口前方 50 m、两侧 20 m 范围内严禁有任何火源；煤巷掘进工作面采用远距离爆破时，爆破地点必须设在进风侧反向风门之外的全风压通风的新鲜风流中或避难所内，爆破地点距工作面的距离由矿技术负责人根据曾经发生的最大突出强度等具体情况确定，但不得小于 300 m，采煤工作面爆破地点到工作面的距离由矿技术负责人根据具体情况确定，但不得小于 100 m。远距离爆破时，回风系统必须停电、撤人，爆破后进入工作面检查的时间由矿技术负责人根据情况确定，但不得少于 30 min。

（6）压风自救系统。突出煤层的采掘工作面应设置工作面压风自救系统，压风自救系统应当达到的要求：压风自救装置安装在掘进工作面巷道和采煤工作面巷道内的压缩空气管道上；距采掘工作面 25～40 m 的巷道内、爆破地点、撤离人员与警戒人员所在的位置以及回风道有人作业处等都应至少设置一组压风自救装置；在长距离的掘进巷道中，应根据实际情况增加设置；每组压风自救装置应可供 5～8 个人使用，平均每人的压缩空气供给量不得少于 0.1 m^3/min。

四、《煤矿安全规程》对采掘工作面防突的规定

《煤矿安全规程》对采掘工作面防突的规定如下：

（1）突出煤层工作面的作业人员、瓦斯检查工、班组长应当掌握突出预兆。

（2）发现突出预兆时，必须立即停止作业，按避灾路线撤出，并报告矿调度室。班组长、瓦斯检查工、矿调度员有权责令相关现场作业人员停止作业，停电撤人。

（3）当预测为突出危险工作面时，必须实施工作面防突措施和工作面防突措施效果检验。只有经效果检验有效后，方可进行采掘作业。

（4）井巷揭穿突出煤层和在突出煤层中进行采掘作业时，必须采取避难硐室、反向风门、压风自救装置、隔离式自救器、远距离爆破等安全防护措施。

（5）突出煤层的石门揭煤、煤巷和半煤岩巷掘进工作面进风侧必须设置至少 2 道反向风门。爆破作业时，反向风门必须关闭。

（6）井巷揭煤采用远距离爆破时，必须明确起爆地点、避灾路线、警戒范围，制定停电撤人等措施。

（7）远距离爆破时，回风系统必须停电撤人。爆破后，进入工作面检查的时间应当在措施中明确规定，但不得小于 30 min。

（8）突出煤层采掘工作面附近、爆破撤离人员集中地点、起爆地点必须设有直通矿调度室的电话，并设置有供给压缩空气的避险设施或者压风自救装置。工作面回风系统中有人作业的地点，也应当设置压风自救装置。

（9）清理突出的煤（岩）时，必须制定防煤尘、片帮、冒顶、瓦斯超限、出现火源，以及防止再次发生突出事故的安全措施。

第四节　矿井瓦斯抽采

一、瓦斯抽采的作用

为了减少和解除矿井瓦斯对煤矿安全生产的威胁，利用机械设备和专用管道造成的负压，将煤层中存在或释放出的瓦斯抽采出来，输送到地面或其他安全地点的做法，叫作瓦斯抽采。瓦斯抽采的作用就是为了减少和消除瓦斯威胁，保证煤矿生产安全，主要表现在以下几个方面：

（1）瓦斯抽采可以减少开采时的瓦斯涌出量，从而可减少瓦斯隐患和各种瓦斯事故，是保证安全生产的一项预防性措施。

（2）瓦斯抽采可以减少负担，降低通风费用，还能够解决通风难以解决的难题。

（3）煤层中的瓦斯同煤炭一样是一种地下资源，将瓦斯抽出来送到地面作为原料和燃料加以利用，"变害为利""变废为宝"可以收到节约煤炭、保护环境的效果和可观的经济效益。

二、瓦斯抽采的必要条件

《煤矿安全规程》规定，突出矿井必须建立地面永久抽采瓦斯系统。有下列情况之一的矿井，必须建立地面永久抽采瓦斯系统或者井下临时抽采瓦斯系统：

（1）任一采煤工作面的瓦斯涌出量大于 5 m^3/min 或者任一掘进工作面瓦斯涌出量大于 3 m^3/min，用通风方法解决瓦斯问题不合理的。

（2）矿井绝对瓦斯涌出量达到下列条件的：大于或者等于 40 m^3/min；年产量 1.0～1.5 Mt 的矿井，大于 30 m^3/min；年产量 0.6～1.0 Mt 的矿井，大于 25 m^3/min；年产量 0.4～0.6 Mt 的矿井，大于 20 m^3/min；年产量小于或者等于 0.4 Mt 的矿井，大于 15 m³/min。

三、瓦斯抽采系统

能够造成一定负压将瓦斯从煤层中抽出并安全输送到地面上来的机械设备，称为瓦斯抽采设备。由瓦斯抽采设备和管路构成的系统，称为瓦斯抽采系统，它主要由瓦斯泵、管路系统和安全装置三部分组成。

1. 瓦斯泵

煤矿普遍使用的瓦斯抽采泵有水环式真空泵、回转式瓦斯泵和离心式瓦斯泵等三种。

（1）水环式真空泵。其优点是真空度高，结构简单，运转可靠，工作叶轮内有水环，没有瓦斯爆炸危险；其缺点是流量小，正压侧压力低，轴和外壳磨损较大。适用于抽采量较小，管路较长和抽采压力高的抽采区域。

（2）回转式瓦斯泵。其优点是流量不受阻力变化的影响，运行稳定，效率较高，便于维护保养；其缺点是检修工艺要求高，间隙难以控制，运转噪声大，抽采压力高时漏气较大，磨损严重。适用于流量要求稳定而阻力变化大和负压较高的抽采区域。

（3）离心式瓦斯泵。其优点是运行稳定可靠，不易出故障，抽气均匀，磨损小，寿命长，流量高，噪声低；其缺点是效率低，两台泵联合运转性能差。适用于抽采量大，管道阻力不高的抽采区域。

2. 抽采管路

瓦斯抽采管包括主管路、分支管路和支管路等。主管路的直径为 250 ~ 426 mm，用于抽采整个矿井或几个抽采区域的瓦斯；分支管路的直径为 150 ~ 250 mm，用于抽采一个区域或一个阶段的瓦斯；支管路的直径为 100 ~ 150 mm，用于抽采一个工作面或一个钻场的瓦斯。为了调节、测定管路中的瓦斯浓度、流量和压力，还要安设阀门、仪表、防水等附属设施。管路要尽量敷设在弯道少、距离短、矿车不经常通过的巷道中，并架设一定的高度且固定在巷壁上，以免水淹锈蚀管路。

3. 安全装置

安全装置主要有"三防"装置和放水装置。《煤矿安全规程》规定：干式抽采瓦斯泵吸气侧管路系统中，必须装设有防回火、防回气和防爆炸作用的安全装置，并定期检查，保持性能良好。放水装置是能放掉管路中的水，以防管路堵塞的装置，可分为人工放水和自动放水两种。

四、《煤矿安全规程》对瓦斯抽采的有关规定

1. 抽采瓦斯设施应符合的要求

（1）地面泵房必须用不燃性材料建筑，并必须有防雷电装置，其距进风井口和主要建筑物不得小于 50 m，并用栅栏或者围墙保护。

（2）地面泵房和泵房周围 20 m 范围内，禁止堆积易燃物和有明火。

（3）抽采瓦斯泵及其附属设备，至少应当有 1 套备用，备用泵能力不得小于运行泵中最大一台单泵的能力。

（4）地面泵房内电气设备、照明和其他电气仪表都应当采用矿用防爆型；否则必须采取安全措施。

（5）泵房必须有直通矿调度室的电话和检测管道瓦斯浓度、流量、压力等参数的仪表或者自动监测系统。

（6）干式抽采瓦斯泵吸气侧管路系统中，必须装设有防回火、防回流和防爆炸作用的安全装置，并定期检查。抽采瓦斯泵站放空管的高度应当超过泵房房顶 3 m。

泵房必须有专人值班，经常检测各参数，做好记录。当抽采瓦斯泵停止运转时，必须立即向矿调度室报告。如果利用瓦斯，在瓦斯泵停止运转后和恢复运转前，必须通知使用瓦斯的单位，取得同意后，方可供应瓦斯。

2. 设置井下临时抽采瓦斯泵站时应遵守的规定

（1）临时抽采瓦斯泵站应当安设在抽采瓦斯地点附近的新鲜风流中。

（2）抽出的瓦斯可引排到地面、总回风巷、一翼回风巷或者分区回风巷，但必须保证稀释后风流中的瓦斯浓度不超限。在建有地面永久抽采系统的矿井，临时泵站抽出的瓦斯可送至永久抽采系统的管路，但矿井抽采系统的瓦斯浓度必须符合本规程第一百八十四条的规定。

（3）抽出的瓦斯排入回风巷时，在排瓦斯管路出口必须设置栅栏、悬挂警戒牌等。栅栏设置的位置是上风侧距管路出口 5 m、下风侧距管路出口 30 m，两栅栏间禁止任何作业。

3. 抽采瓦斯必须遵守的规定

（1）抽采容易自燃和自燃煤层的采空区瓦斯时，抽采管路应当安设一氧化碳、甲烷、温度传感器，实现实时监测监控。发现有自然发火征兆时，应当立即采取措施。

（2）井上下敷设的瓦斯管路，不得与带电物体接触并应当有防止砸坏管路的措施。

（3）采用干式抽采瓦斯设备时，抽采瓦斯浓度不得低于25%。

（4）利用瓦斯时，在利用瓦斯的系统中必须装设有防回火、防回流和防爆炸作用的安全装置。

（5）抽采的瓦斯浓度低于30%时，不得作为燃气直接燃烧。进行管道输送、瓦斯利用或者排空时，必须按有关标准的规定执行，并制定安全技术措施。

五、矿井瓦斯抽采的方法

（一）本煤层瓦斯抽采

本煤层抽采就是采用巷道法或钻孔法直接抽采开采煤层的瓦斯。按照抽采与采掘的时间关系，本煤层抽采可分为"预抽"和"边抽"两种方法。所谓预抽，就是在开采之前预先抽出煤体内的瓦斯，以减少开采时瓦斯涌出量。预抽又可分为巷道预抽和钻孔预抽两种方法。所谓边抽，就是指边生产边抽采瓦斯，即生产和抽采同时进行。边抽又包括边采边抽和边掘边抽两种方式。

（1）巷道预抽。巷道预抽就是在采煤前事先掘出瓦斯巷道（这些巷道同时考虑采煤工作的需要，因此也叫采准巷道），然后将巷道密闭，在密闭处接设管路进行抽采，直到采煤时为止。

这种抽采方法的优点是：煤体卸压范围大，煤的暴露面积大，有利于瓦斯释放。缺点是：需要提前掘进瓦斯巷道，提前投资且在抽采结束即将开采之前，还要对巷道重新修复和支护，浪费工时和材料；在掘进巷道过程中，由于瓦斯涌出量大，不仅施工困难，增加通风负担，而且瓦斯回收率低，浪费资源；如果管理不好，抽采巷道密闭不严，不仅抽出的瓦斯浓度低，而且巷道内易引起自然发火。因此，目前应用很少。

（2）钻孔预抽。图1-3所示为钻孔预抽本煤层瓦斯时的钻场、钻孔和管路的布置示意图。这种方法由于钻孔贯穿煤层，钻孔与煤层的层理面或垂直或斜交，瓦斯很容易沿层理面流入钻孔，有利于提高抽采效果。此外，抽采工作是在采煤和掘进之前进行的，所以能使生产过程中的瓦斯涌出量大大减少。因为被抽采煤层没受采动影响，煤层压力没有较大的变化（未卸压）。因此，对于透气性低的煤层，可能达不到预抽效果。这种方法适用于煤层瓦斯含量较大，透气性较好和有一定倾斜角度的中、厚煤层。

（3）边采边抽。在煤层比较致密、透气性低、单纯用预抽方法达不到抽采效果；或者，虽然煤层透气性较好，容易抽采，但因生产接续紧张，没有充分的预抽时间，开采时瓦斯涌出量较大时，往往采用边采边抽的方法，以弥补预抽的不足，如图1-4、图1-5所示。

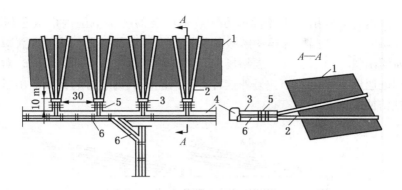

1—煤层；2—钻孔；3—钻场；4—运输大巷；5—密闭；6—抽采瓦斯巷道

图 1-3 钻孔预抽本煤层瓦斯时的钻场、钻孔和管路布置示意图

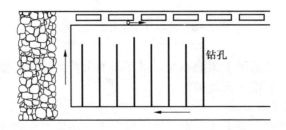

图 1-4 边采边抽钻孔布置方式（一）

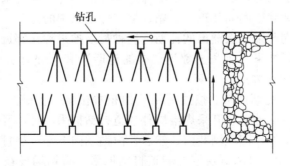

图 1-5 边采边抽钻孔布置方式（二）

　　边采边抽的方法适用于瓦斯大、时间紧、预抽不充分的地区及煤层透气性较小但有抽采可能的较薄或中厚煤层。

　　（4）边掘边抽。如图 1-6 所示，随着工作面的不断推进，钻场和钻孔也要向前排列。这种方法由于工作面前方和巷道两帮的一定范围内形成了压力集中带，造成煤壁松动，因而煤体中解吸的瓦斯能直接被预抽出，从而大大减少巷道内的瓦斯涌出量。由于增加了掘钻场和打钻孔的工程量和时间，所以，对掘进工作面的掘进速度有一定影响。另外这种方法只能降低掘进时的瓦斯涌出量，采煤时仍要打钻抽采。

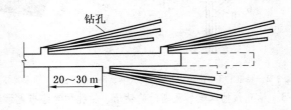

图 1-6 边掘边抽钻孔布置方式

边掘边抽的方法适用于预抽不充分或瓦斯涌出量大的煤巷掘进工作面，对透气性低的煤层也会获得一定效果。

（二）邻近层瓦斯抽采

在开采煤层群时，受采动影响，开采煤层上下一定距离内的其他煤层中的瓦斯就会沿着由于卸压作用造成的裂隙流入开采煤层的工作面空间，我们称这些煤层为这一开采煤层的邻近层。为了解除邻近层涌出的瓦斯对开采煤层的威胁，从开采煤层或围岩大巷中间向邻近层打钻，抽采邻近层中的瓦斯，以减少邻近层由于受采动影响而向开采煤层涌出的瓦斯。这种瓦斯抽采称作邻近层瓦斯抽采，并分为上邻近层瓦斯抽采（抽采上邻近层中的瓦斯）和下邻近层抽采（抽采下邻近层中的瓦斯）两种方式。

（1）上邻近层瓦斯抽采。按抽采钻孔的布置位置，上邻近层抽采又分为开采煤层层内巷道打钻抽采和开采煤层层外巷道打钻抽采两种。开采煤层层内巷道打钻抽采，将钻场设在回风副巷内，然后，由钻场向上邻近层打穿层钻孔进行抽采，如图 1-7 所示；开采煤层层外巷道打钻抽采，将钻场设在开采煤层顶板的岩巷中，由钻场向上邻近层打钻，每个钻场的钻孔多采用扇形排列，如图 1-8 所示。

（2）下邻近层瓦斯抽采。与上邻近层瓦斯抽采一样，下邻近层瓦斯抽采也分为开采煤层层内和层外巷道打钻抽采两种。开采煤层层内巷道打钻抽采，将钻场设在工作面的进风正巷内，如图 1-9 所示；开采煤层层外巷道打钻抽采，将钻场设在开采煤层底板岩石巷道中，从钻场向下邻近层打穿层钻孔进行抽采，如图1-10所示。

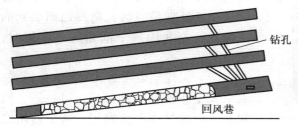

图1-7　上邻近层瓦斯抽采钻
孔位置布置示意图（一）

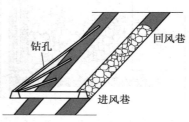

图1-8　上邻近层瓦斯抽采钻
孔位置布置示意图（二）

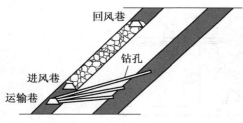

图1-9　下邻近层瓦斯抽采钻
孔位置布置示意图（一）

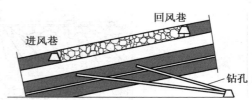

图1-10　下邻近层瓦斯抽采钻
孔位置布置示意图（二）

（三）采空区瓦斯抽采

1. 采空区瓦斯来源

采空区瓦斯的主要来源：一是未能采出而被留在采空区的煤炭中存有一定数量的残存瓦斯；二是顶板和周围煤岩中的瓦斯。采空区积聚的大量瓦斯，往往被漏风带入采煤工作面或生产巷道，影响正常生产。另外，有时由于大气压力或通风系统变化的影响，在工作面及采空区之间的压力平衡被破坏时，采空区的瓦斯会大量涌入工作面，威胁安全生产，甚至酿成重大事故。

2. 采空区瓦斯抽采方法

（1）采煤工作面的采空区瓦斯抽采。对采煤工作面采空区瓦斯的抽采，应将采空区全部密闭，以防止向采空区漏风，在回风巷的密闭处插管进行抽采，如图1-11所示；也可以在回风巷每隔一定距离（30~50 m）掘一个斜口绕行巷道作钻场，由钻场向采空区上方打钻孔，使钻孔进入垮落带或裂隙带，然后将绕行

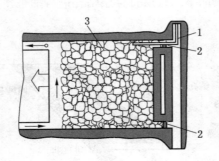

1—抽采瓦斯管路；2—密闭；3—采空区
图 1-11　采煤工作面采空区
瓦斯抽采（一）

巷道密闭并接设管路进行抽采，随着工作面的推进，不断掘出新的钻场（旧钻孔可继续使用），如图 1-12 所示。这种方法用于处理采空区瓦斯涌出而引起的工作面瓦斯超限或上隅角瓦斯积聚时，效果甚佳。

（2）采煤结束后的采空区瓦斯抽采。对采煤工作已结束的采区，可在进、回风巷道内修筑永久性密闭，两个密闭之间用河沙或黏土充满填实，并接设瓦斯管路进行抽采，如图 1-13 所示。

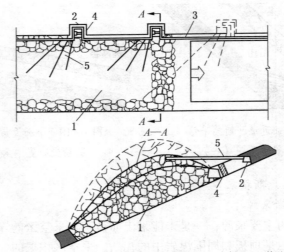

1—采空区；2—钻场；3—抽采瓦斯管路；4—密闭；5—钻孔
图 1-12　采煤工作面采空区瓦斯抽采（二）

3. 采空区瓦斯抽采应注意的事项

（1）控制抽采负压，保证瓦斯质量。因为采空区围岩受采动影响透气性大大提高，因而抽采负压过大，很容易使空气进入采空区而降低抽出的瓦斯浓度，且有自然发火危险的煤层还会因氧气浓度的增加而引起采空区内的自然发火。

（2）定期进行检查测定，避免自然发火。对于有自然发火危险的煤层，为防止采空区因抽采瓦斯而引起煤炭自然发火，必须定期进行检查并采取气样进行分析测定，其内容包括密闭或抽采管内气体成分（O_2、CO、CO_2、CH_4）、温度、负压、流量等，并分析其变化动态。当一氧化碳浓度或温度呈上升趋势时，应进行控制抽采（低负压抽采）；而发现有自然发火征兆时，必须立即停止抽采并采取向密闭内注水、注浆等防火措施，待自然发火征兆消除后再逐渐恢复抽采。

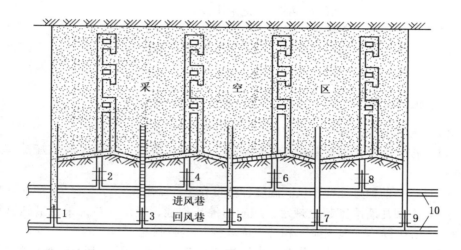

2、4、6、8—进风煤门及抽采密闭；1、3、5、7、9—回风煤门及抽采密闭；10—抽采瓦斯管路

图 1-13　老采空区瓦斯抽采示意图

（四）围岩及裂隙溶洞瓦斯抽采方法

围岩及其裂隙瓦斯是以自由状态积聚在孔隙或孔空洞之中，所以抽采这部分瓦斯比较容易。对于溶洞、裂隙瓦斯，关键是探明位置，在掘进中布置抽采瓦斯钻孔，随掘随抽。由岩巷两侧或正前方向溶洞或裂隙带打钻，密闭岩巷进行抽采，封堵岩巷喷瓦斯区并插管抽采。如果钻孔探到溶洞瓦斯（主要是石灰岩溶洞），就利用探放孔接上瓦斯管进行抽采。对于围岩瓦斯（主要是粗岩等）可利用一般的方法打钻孔抽采。

第五节　瓦斯检查工岗位风险及控制措施

一、安全风险

（1）便携仪器不完好，光学瓦斯检查仪不完好。

（2）未按要求对光学瓦斯检查仪及辅助工具进行检查。

（3）未携带瓦斯检查手杖和温度计。

（4）未对光学瓦斯检查仪进行换气调零。

（5）进入工作地点未对周边环境检查（顶、帮及运行设备）。

（6）空班、脱岗、假检、漏检及记录不完善。

（7）不执行现场交接班、睡岗，在停掘的工作面长时间滞留。

（8）瓦斯浓度超限，没有及时停止工作撤人。未执行"一炮三检"和"三人联锁"爆破制度。

二、控制措施

（1）入井前检查便携仪器完好，光学瓦斯检查仪完好。

（2）按要求对光学瓦斯检查仪及辅助工具进行检查。确保仪器完好及辅助工具齐全。

（3）入井前检查瓦检手杖、温度计携带齐全。

（4）发现瓦斯浓度超过规定，应及时停止作业，撤出人员，采取措施进行处理。严格执行"一炮三检"和"三人联锁"爆破制度。

（5）进入工作地点前对作业地点周边环境进行检查（顶、帮及运行设备）。

（6）班中做到无空班、脱岗、假检、漏检现象，手册、牌板、记录做到"三对口"。

（7）严格执行现场交接班，班中无睡岗。检查完停掘巷道有毒有害气体后，及时撤到巷道栅栏外新鲜风流中。

（8）在与瓦斯检查地点同一水平的进风巷道中对光学瓦斯检查仪进行换气调零。

第二章　瓦斯检查与管理

第一节　矿井瓦斯检查的方法

矿井瓦斯检查方法是瓦斯检查作业人员必须熟练掌握的基本技能。正确选用不同的测定方法，准确地检查瓦斯浓度，能准确地反映井下不同地点、不同时间的瓦斯涌出情况，以便进行风量分配与调节，从而实现安全、经济、合理通风。对于防止和及时发现瓦斯超限或积聚等隐患，采取针对性的措施，妥善处理，防止瓦斯事故的发生都是十分重要的。

一、巷道风流与回风流瓦斯检查的方法

1. 巷道风流

巷道风流，是指距巷道的顶板、底板和两帮有一定距离的巷道空间内的风流。在设有各类支架的巷道中，是距支架和巷道底板各 50 mm 的巷道空间；在不设支架或用锚喷、砌碹支护的巷道中，是距巷道的顶板、底板和两帮各为 200 mm 的巷道空间。

2. 检查方法

测定巷道风流瓦斯和二氧化碳浓度时应该在巷道空间风流中进行。

（1）当测定地点风流速度较大时，无论测瓦斯还是二氧化碳，瓦斯检测仪进气管口均应位于巷道中心点风速最快的部位进行测量。连续测 3 次取其平均值。

（2）当测定地点风速比较慢时，检测仪的进气管口应根据不同气体的比重来确定位置，测定甲烷或氢气、氨气等气体时，应该在巷道风流的上部（风流断面全高的上部约 1/5 处）进行抽气，连续测定 3 次，取其平均值。测定二氧化碳（或硫化氢、二氧化氮、二氧化硫等）浓度时，应在巷道风流的下部（风流断面全高的下部 1/5 处）进行抽气，首先测出该处瓦斯浓度；然后去掉二氧化碳吸收管；测出该处甲烷和二氧化碳混合气体浓度，后者减去前者，再乘以校正系数即是二氧化碳的浓度，这样连续测定 3 次，取其平均值。

3. 注意事项

（1）矿井总回风或一翼回风中瓦斯或二氧化碳的浓度测定，应在矿井总回风或一翼回风的测风站内进行。

（2）采区回风中瓦斯或二氧化碳的测定，应在该采区所有的回风流汇合稳定的风流中进行，其测定部位和操作方法与在巷道风流中进行的测定相同。

（3）测定位置应尽量避开由于材料堆积、冒顶等原因造成的巷道断面变化而引起的风速变化大的区域。

（4）注意自身安全，防止冒顶、片帮、运输等其他事故的发生。

二、采煤工作面瓦斯检查的方法

1. 采煤工作面风流与采煤工作面回风流

采煤工作面风流是指距煤壁、顶（岩石、煤或假顶）、底、两帮（煤、岩石或充填材料）各为 200 mm（小于 1 m 厚的薄煤层采煤工作面距顶、底各为 100 mm）和以采空区的切顶线为界的采煤工作面空间内的风流。采用充填法控制顶板时，采空区一侧应以挡矸、砂帘为界。采煤工作面回风隅角以及一段未放顶的巷道空间至煤壁线的范围内空间风流，都按采煤工作面风流处理。

采煤工作面回风流是指采煤工作面回风侧从煤壁线开始到采区总回风范围内，锚喷、锚网锁等支护距煤壁、顶板、底板各 200 mm 的空间范围内的风流。支架支护是距棚梁、棚腿 50 mm 的巷道空间范围内的风流。

2. 采煤工作面瓦斯的检查方法

（1）采煤工作面需测定瓦斯和二氧化碳的地点。工作面进风流（指进风顺槽至工作面煤壁线 10~15 m 以外的风流）；工作面风流（指煤壁，顶、底板各 200 mm 和以采空区切顶线为界的空间风流）；上隅角（指采煤工作面回风侧最后一架棚处）；工作面回风流（指距采煤工作面 10 m 以外的回风巷内不与其他风流汇合的一段风流）；尾巷（指高瓦斯与瓦斯突出矿井采煤工作面专用于排放瓦斯的巷道）栅栏处。

（2）测定步骤。应由进风侧或回风侧开始，逐段检查，检查瓦斯浓度和检查局部瓦斯积聚同时进行，同时还应测取温度；测定瓦斯浓度时，应在巷道风流的上部进行，测定二氧化碳浓度时，应在巷道风流下部进行；测点选择正确，无遗漏，每个测点连续测定 3 次，且取其最大值作为测定结果和处理标准；准确清晰地将测定结果分别记入瓦斯检查班报手册和检查地点的记录板上，并通知现场工作人员。

3. 注意事项

（1）初次放顶前的采空区内应选点测定。

（2）重点检查采煤工作面的上下隅角。因为此区域是采面风流拐角处，风流不易带走瓦斯。同时此区域又是采空区瓦斯涌出的通道，易造成瓦斯积聚。

（3）准确地掌握《煤矿安全规程》对井下不同地点的瓦斯浓度的要求及措施。发现瓦斯或二氧化碳超限积聚等隐患时，积极采取有效措施进行处理，并向有关领导和地面调度室汇报。

（4）在检查的附近还应注意通风及其他设施是否存在问题，发现问题及时汇报。

（5）另外，还应注意自身安全，防止冒顶、片帮、运输等因素可能造成的危害。测点选定时应选在顶板或支护较好的地点。

三、掘进工作面瓦斯检查的方法

1. 掘进工作面风流及回风流

掘进工作面风流，是指掘进工作面到风筒出风口这一段巷道空间中按巷道风流划定法划定的空间中的风流。掘进工作面回风流，是指自掘进工作面的风筒出风口以外的回风巷道中按巷道风流划定法划定的空间中的风流。

2. 瓦斯检查方法

掘进工作面风流中瓦斯和二氧化碳浓度的检查测定应选取在工作面上部，左右角距顶、帮、工作面各 200 mm 处测瓦斯浓度，在工作面第一架棚左、右柱窝距帮底各 200 mm 处测二氧化碳浓度，其测定方法同巷道风流中的测定相同，并各取其最大值作为检查结果和处理依据。掘进工作面测定瓦斯和二氧化碳浓度的地点，应根据掘进巷道布置和通风方式确定。

（1）单巷掘进采用压入式局部通风时，掘进工作面回风巷风流中瓦斯浓度和二氧化碳浓度的测定，应按图 2 - 1 所示，在其回风巷道风流中进行，并取最大值作为测定结果和处理标准。

（2）单巷掘进采用混合式局部通风时，掘进工作面回风巷风流中的瓦斯或二氧化碳浓度的测定，应按图 2 - 2 所示。在其回风巷风流中①②和③处测定，并取其最大值作为测定结果和处理标准。

（3）双巷掘进采用压入式局部通风时，掘进工作面回风巷风流中瓦斯或二氧化碳浓度的测定，应按图 2 - 3 所示，在其回风巷风流中测定，并取其最大值作为测定结果和处理标准。

（4）局部通风机前后各 10 m 以内的风流。

（5）局部高冒区域。

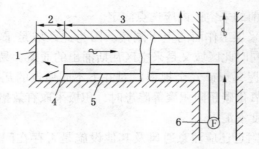

1—掘进工作面；2—掘进工作面风流；3—掘进工作面回风巷风流；
4—风筒出风口；5—风筒；6—压入式局部通风机

图 2-1　单巷掘进采用压入式局部通风时掘进工作面和
掘进工作面回风巷风流划分示意图

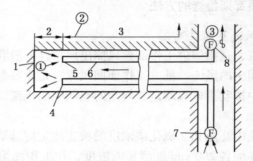

1—掘进工作面；2—掘进工作面风流；3—掘进工作面回风巷风流；4—风筒出风口；
5—风筒吸风口；6—风筒；7—压入式局部通风机；8—抽出式局部通风机

图 2-2　单巷掘进采用混合式局部通风时掘进工作面和
掘进工作面回风巷风流划分示意图

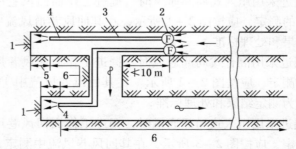

1—掘进工作面；2—压入式局部通风机；3—风筒；4—风筒出风口；
5—掘进工作面风流；6—掘进工作面回风巷风流

图 2-3　双巷掘进采用压入式局部通风时掘进工作面和
掘进工作面回风巷风流划分示意图

3. 注意事项

（1）检查工作应由外向内依次进行。当瓦斯浓度超过 3.0% 或其他有害气体浓度超过规定时，立即停止前进，撤退到进风流中，并通知有关人员和部门进行处理。

（2）首先应检查局部通风机安设位置是否符合规定，是否发生循环风及是否挂牌并有专人管理。

（3）在检查风流瓦斯的同时，还必须注意检查有无局部瓦斯积聚。

（4）检查风筒末端至工作面距离及供风量是否合乎规定及风筒吊挂和安设质量，风筒有无破口等。

四、盲巷瓦斯的检查方法

1. 盲巷

凡不通风（包括临时停风的掘进区）长度大于 6 m 的独头巷道，统称为盲巷。

2. 检查方法

由于巷道内不通风，如果瓦斯涌出量大或停风时间长，便会积聚大量的高浓度瓦斯，因此进入盲巷内检查瓦斯和其他有害气体时要特别小心谨慎。先检查盲巷入口处的瓦斯和二氧化碳，其浓度小于 3.0% 方可由外向内逐渐检查，不可直接进入盲巷检查。

在水平盲巷检测时，应在巷道的上部检测瓦斯，在巷道的下部检测二氧化碳。在上山盲巷检测时，应重点检测瓦斯浓度，要由下而上直至顶板进行检查，当瓦斯浓度达到 3% 时应立即停止前进。在下山盲巷检测时，应重点检测二氧化碳浓度，要由上而下直到底板进行检测，当二氧化碳浓度达到 3% 时，必须立即停止前进。

3. 注意事项

（1）检查工作应由专职瓦斯检查作业人员负责进行。检测前要首先检查自己的矿灯、自救器、瓦斯检定器等有关仪器；确认完好、可靠后方可开始工作，在进行检测过程中，要精神集中谨慎小心，不可造成撞击"火花"等隐患。

（2）盲巷入口处或盲巷内一段距离处的瓦斯或二氧化碳浓度达到 3%；或其他有害气体超过《煤矿安全规程》规定时，必须立即停止前进，并通知有关部门采取封闭等措施进行处理。

（3）检查临时停风时间较短、瓦斯涌出量不大的盲巷内瓦斯和其他有害气体浓度时，可以由瓦斯检查作业人员或其他专业检查人员 1 人进入检查；检查停风时间较长或瓦斯涌出量大的盲巷内瓦斯和其他有害气体浓度时,最少有两人一起入内检查。两人应拉开一定距离,一前一后边检查边前进。

(4)在检查瓦斯、二氧化碳浓度的同时,还必须检测氧气和其他有害气体的浓度,若气体浓度超过规定或有异味时,应停止前进,以防止发生中毒或窒息事故。

(5)测定倾角较大的上山盲巷,应重点检查瓦斯浓度;检查倾角大的下山盲巷时,应重点检查二氧化碳浓度。

(6)测定时应站在顶板两帮及支护较好地点,并小心谨慎以防因碰撞而造成冒落伤人。

五、其他地点瓦斯的检查方法

1. 采掘工作面爆破地点附近 20 m 范围风流中瓦斯浓度的检查方法

采煤工作面爆破地点附近 20 m 范围内的风流,即爆破地点沿工作面煤壁方向两端各 20 m 范围内的采煤工作面风流,此范围内风流的瓦斯浓度都应测定。长壁式采煤工作面采空区内顶板未冒落时,还应测定切顶线以外(采空区一侧)不少于 1.2 m 范围内的瓦斯浓度。在采空区侧打钻爆破放顶时,也要测定采空区内的瓦斯浓度。测定范围应根据采高、顶板冒落程度、采空区通风条件和瓦斯积聚情况等因素确定,并经矿工程师批准。掘进工作面爆破地点 20 m 以内的风流即爆破的掘进工作面向外 20 m 范围内的巷道风流,其瓦斯浓度测定部位和方法与巷道风流相同,但要注意检查测定本范围内盲巷、冒顶的局部瓦斯积聚情况。

在上述范围内进行瓦斯浓度测定时,都必须取其最大值作为测定结果和处理依据。

2. 采掘工作面电动机及其开关附近 20 m 范围风流中瓦斯浓度的检查方法

在采煤工作面中,电动机及其开关附近 20 m 以内风流即电动机及其开关所在地点沿工作面风流方向的上风流端和下风流端各 20 m 范围内的采煤工作面风流。在掘进工作面中,电动机及其开关附近 20 m 以内风流即电动机及其开关地点的上风流端和下风流端各 20 m 范围内的巷道风流。

在测定采掘工作面电动机及其开关附近风流瓦斯浓度时,对上风流端和下风流端各 20 m 范围内风流中的瓦斯浓度都要测定,并取其最大值作为测定结果和处理依据。

3. 高冒区及突出孔洞内的瓦斯检查方法

高冒区由于通风不良,容易积聚瓦斯,突出孔洞未通风时里面积聚有高浓度瓦斯,检查时都要特别小心,防止瓦斯窒息事故发生。

检查瓦斯时，人员不得进入高冒区域及突出孔洞内，只能用瓦斯检查棍或长胶筒伸到里面去检查。应由外向里逐渐检查，根据检查的结果（瓦斯浓度、积聚瓦斯量）采取相应的措施进行处理。当里面瓦斯浓度达到了 3.0% 或其他有害气体浓度超过规定时，或者瓦斯检查棍等无法伸到最高处检查时，则应进行封闭处理。

4. 爆破过程中的瓦斯检查方法

井下爆破是在极其特殊而又恶劣的环境中进行。爆破时煤（岩）层中会释放出大量的瓦斯，并且容易达到燃烧或爆炸浓度，爆破时产生火源，就会造成瓦斯燃烧或爆炸事故。

"一炮三检制"即每一次爆破过程中在装药前、紧接爆破前、爆破后都必须检查瓦斯，爆破作业人员、班组长、瓦斯检查作业人员都必须检查。具体实施是：采掘工作面及其他爆破地点，装药前必须检查近 20 m 范围内瓦斯，瓦斯浓度达到 1.0% 时，不装药。紧接爆破前（距起爆时间不能太长，否则爆破地点及其附近瓦斯可能超限），检查爆破地点附近 20 m 范围和回风流中瓦斯，当达到 1% 时，不准爆破，当回风流中瓦斯浓度超过 1.0% 时，也不准爆破。爆破后至少等候 15 min（突出危险工作面至少 30 min，并待炮烟吹散后，瓦斯检查作业人员在前、爆破作业人员居中、班组长最后一同进入爆破地点检查瓦斯及爆破效果等情况。

5. 煤仓、水仓等特殊地点的瓦斯检查方法

（1）煤仓、水仓等特殊地点的瓦斯检查点的选定原则应以能相对准确地反映该区域的瓦斯情况为准则。

（2）清理水仓前的检查应重点检查二氧化碳浓度和氧气浓度，以防发生窒息事故。

（3）煤仓施工等的瓦斯检查应同时检查瓦斯和二氧化碳的浓度。

（4）注意自身安全，防止其他事故发生。

六、采掘工作面和机电硐室空气温度的测定方法

井下空气温度是决定矿井气候条件的因素之一。为了给井下人员创造良好的气候条件，保证人员的身体健康和提高劳动生产率。《煤矿安全规程》规定生产矿井采掘工作面空气温度不得超过 26 ℃，机电设备硐室的空气温度不得超过 30 ℃。当空气、温度超过规定时，必须缩短超温地点工作人员的工作时间，并给予高温保健待遇。采掘工作面的空气温度超过 30 ℃，机电设备硐室空气温度超过 34 ℃时，必须停止作业。

矿井空气温度的测定，一般使用经过校正的最小分度为 0.5 ℃的温度计，空气温度的测定时间，一般在上午 8 时到下午 4 时的时间内进行，在其他工作时间也要测定，以掌握空气温度变化情况。

1. 采掘工作面空气温度的测定方法

（1）测定长壁式采煤工作面空气温度的测点应选在运煤道空间中央距回风道口 15 m 处的风流中。采煤工作面串联通风时要分别测定。

（2）测定掘进工作面空气温度的测点应选在工作面距迎头 2 m 处的回风流中。

（3）采掘工作面的温度测点不应靠近人体、机械制冷设备，至少要与其保持 0.5 m 距离。

2. 机电硐室温度的测定方法

机电硐室的空气温度测点，应选在硐室回风口的回风流中。

七、瓦斯检查过程中常见的人身安全事故及其预防

（1）因瓦检员多数是单独作业，因此要休息好，集中精力保持清醒的头脑。

（2）了解矿井的通风线路及采掘大致情况，熟悉自己的测定区域及其范围的巷道情况及避灾路线。

（3）认真检查保护好便携式光学瓦斯检定器，出现故障要及时修理，防止因便携式光学瓦斯检定器不准而造成的事故。

（4）做好下井前的准备工作，带齐各种器具，防止无法检查或没法记录。

（5）检查高冒地点采煤工作面上隅角、采空区边缘的瓦斯时要站在支护完好的地点；用木棍将胶管送到检查地点，由下向上检查，检查人员的头部切忌超越检查的高度，以防缺氧窒息。

（6）检查废巷、盲巷和临时停风的掘进工作面及密闭墙处的瓦斯、二氧化碳及其他有害气体时，只准在栅栏处检查，必须进入废巷、盲巷内检查时，应遵守盲巷内检查的有关规定。

（7）在运输巷道中检查时，应防止运输事故的发生。遵守行车不行人等安全规定，特别应注意跨越输送带、刮板输送机时的安全。

第二节　矿井瓦斯管理

一、矿井瓦斯管理规章制度

矿井瓦斯管理制度是矿井瓦斯管理不可缺少的内容，是保证矿井安全生产的

基本制度，是规范人们行为的措施。为使通风与瓦斯管理工作能够正常地开展，杜绝瓦斯事故，每一矿井，尤其是高、突矿井应根据《煤矿安全规程》有关规定，结合本矿井的实际情况，建立健全矿井瓦斯管理的规章制度。

1. 矿井瓦斯管理制度的主要内容

主要应包括：健全专业机构，配足检查人员，定期培训和不断提高专业人员技术素质的规定；各级领导和检查人员（包括瓦斯检查作业人员）区域分工和巡回检查汇报制度、交接班制度；矿长、总工程师每天阅签瓦斯日报的规定；盲巷、采空区和密闭启封等有关瓦斯管理的规定；爆破与巷道贯通时的瓦斯管理规定；矿井瓦斯排放的有关规定及瓦斯监控装备的使用、管理的有关规定；矿井瓦斯抽放、防止煤与瓦斯突出的规定。

2. 专职瓦检员的配备与要求

（1）装有矿井安全监控系统的机械化采煤工作面、水采和煤层厚度小于0.8 m的保护层的采煤工作面，经抽放瓦斯（抽放率25%以上）和增加风量已达到最高允许风速后，其回风巷风流中瓦斯浓度仍不能降低到1.0%以下时，回风巷风流中瓦斯最高允许浓度为1.5%，必须配有专职瓦检员。开拓新水平的井巷第一次接近各开采煤层时，必须按掘进工作面距煤层的准确位置，在距煤层垂直距10 m以外开始打探煤钻孔，钻孔超前工作面的距离不得小于5 m，并有专职瓦斯检查作业人员经常检查瓦斯。岩巷掘进遇到煤线或接近地质破坏带时必须有专职瓦斯检查作业人员经常检查瓦斯；发现瓦斯大量增加或其他异状时，必须停止掘进，撤出人员，进行处理。

（2）凡是配备专职瓦斯检查作业人员的地点，都是容易发生瓦斯事故和出现各种隐患、比较危险的重要采掘工作面。为此，专职瓦斯检查作业人员要有较高的思想和业务素质；遵章守纪，必须在工作面交接班；必须随时进行瓦斯检查等工作，不准随意离开工作现场；严格执行"一炮三检"爆破制度；对采掘工作面内的通风、瓦斯、防尘、防火、防灾以及瓦斯监控系统等有关设施和装置负有维护管理与监督的责任；制止任何人的违章指挥或违章作业；要做到在一旦发现临时停风、瓦斯积聚、突出预兆或其他隐患情况时，能够采取针对性的有效措施，妥善处理。

3. 瓦斯检查的"三对口"

矿井通风安全质量标准及检查评定方法中规定的瓦斯检查"三对口"指的是瓦斯检查作业人员在检查工作中，必须做到井下检查地点的记录板、瓦斯检查作业人员随身携带的检查手册和地面的瓦斯台账三者上面填记的有关情况和数据要完全一致，不能出现矛盾、不符或遗漏。"三对口"主要内容包括：检查地点和检查人姓名；检查日期、班次及每次检查的具体时间；瓦斯浓度、二氧化碳浓度和空气温度以及《煤矿安全规程》和局矿规定要求检查的内容。

4. 瓦斯日报的审批制度

《煤矿安全规程》规定通风值班人员必须审阅瓦斯班报，掌握瓦斯变化情况，发现问题，应制定措施，进行处理。

通风瓦斯日报必须送矿长、矿技术负责人审阅，一矿多井的矿必须同时送井长、井技术负责人审阅。对重大的通风瓦斯问题，应制定措施，进行处理。

二、瓦斯检查制度

1. 瓦斯检查制度的内容

《煤矿安全规程》规定：矿井必须建立瓦斯、二氧化碳和其他有害气体检查制度。

矿井瓦斯检查制度的主要内容有：

（1）每月根据矿井生产部署和工作安排编制矿井瓦斯检查计划图表，其内容应包括瓦斯检查地点、检查次数、巡回检查路线、巡回检查时间、检查人员的安排等。计划图表报矿总工程师批准后实施。

（2）瓦斯检查作业人员的配备必须符合《煤矿安全规程》中有关规定和安全生产的需要。有煤（岩）与瓦斯突出危险的采掘工作面，有瓦斯喷出危险的采掘工作面和瓦斯涌出量较大、变化异常的采掘工作面必须设专人经常检查，并安设甲烷断电仪。其他采掘工作面（地点）瓦斯检查作业人员的配备，可以不设专人检查，但必须满足"三人连锁爆破制"和安全生产的需要。

（3）瓦斯检查作业人员必须具有一定煤矿实践经验，掌握一定的通风、瓦斯知识和技能，经专门培训，考核合格，持证上岗。在岗的瓦斯检查作业人员要进行定期培训，每次培训后都要考核、考试，不合格者不能上岗。

（4）瓦斯检查作业人员下井时必须携带便携式光学瓦斯检测仪，仪器必须完好，精度符合要求，同时备有长度大于 1.5 m 的胶管（或瓦斯检查棍）、温度计等。矿长、矿技术负责人、采掘与通风区队长、工程技术人员、爆破作业人员、流动电气作业人员、班长下井时，必须携带便携式瓦斯检测仪。安全监测工必须携带便携式瓦斯检测报警仪或便携式光学瓦斯检定器。

（5）瓦斯检查作业人员必须严格按瓦斯检查计划图表的要求执行。每次检查的结果必须认真准确地记入瓦斯检查手册和记录牌上，通知现场作业人员。瓦斯浓度超过规定时，瓦斯检查作业人员有权责令现场人员停止作业，将人员撤到安全地点，采取措施进行处理。处理不了或超过处理权限时，应在瓦斯超限地点的通道入口设置栅栏、揭示警标，并及时向调度室汇报。

（6）瓦斯检查作业不得发生空班、漏检、假检，并做到井下记录牌板、检查手册、瓦斯日报"三对口"。

（7）瓦斯检查作业必须严格执行交接班制度。

（8）在有自然发火危险的矿井，必须定期检查一氧化碳浓度、气体温度等的变化情况。

（9）瓦斯检查作业人员每班必须向通风值班室汇报检查的情况。汇报的次数由矿总工程师根据矿井生产、安全状况、井下环境条件的实际情况确定；瓦斯检查作业人员发现问题或隐患时必须及时汇报。

（10）任何人检查瓦斯时，都不得进入瓦斯及二氧化碳浓度超过3%的区域或其他有害气体浓度超过《煤矿安全规程》规定的区域。确有必要时，必须制定切实可靠的安全措施，报矿总工程师批准，并严格按措施的要求执行。

（11）通风部门的值班人员，必须审阅瓦斯班报，掌握瓦斯变化情况，发现问题，及时处理并向矿调度室汇报。

（12）通风瓦斯日报，必须送矿长、矿技术负责人审阅，一矿多井的矿必须同时送井长、井技术负责人审阅。对重大通风、瓦斯问题，应制定措施，进行处理。

（13）瓦斯检查牌板包括如下内容：日期、班次、地点、瓦斯浓度、二氧化碳浓度、一氧化碳浓度、温度、检查人、检查时间。

（14）停风时间不超过24 h的为临时停风。临时停风地点必须在独头巷道口不超过3 m处设置栅栏、挂明显警标牌或派专人在巷道口的新鲜风流中看守，严禁人员入内。

（15）瓦斯管理重点区的掘进巷道临时停风恢复通风时，要在检查瓦斯的同时检查氧气。

2. 瓦斯检查作业的交接班制度

矿井必须建立瓦斯检查作业井下交接班制度，该制度的主要内容包括：

（1）井下交接班地点。配备有专职瓦斯检查作业时，采煤工作面在回风巷入口的新鲜风流处交接班，掘进工作面在局部通风机处交接班；其他交接班地点由矿总工程师根据矿井的实际情况确定。

（2）瓦斯检查作业人员井下交接班时间。交接班时间由矿总工程师根据矿井工作制度，以及人员入出井所需要的时间等因素确定，瓦斯检查作业人员不能提早离开检查地点到交接班地点等候交接班，应避免分工区域出现长时间无人检查监视通风瓦斯的状况。

（3）交班内容：交接班时，交班瓦斯检查作业人员要交清以下几个内容：分工区域内的通风及通风系统、瓦斯、煤尘、防突、防火、爆破、局部通风和生产情况有无异常，是否需要下一班处理及应采取的措施；分工区域内的各种通风安全设施、装备的运行情况，是否需要维修、增加或拆除；分工区域内发生的各种"一通三防"隐患，当班处理的情况和需要继续处理的内容；有关领导交办工作的落实情况和需要请示的问题；其他应该交清的工作内容。

（4）交接班要做到"上不清下不接"。接班人对交班内容了解清楚后，交接班人员都必须在交接班手册（或记录本）上签字，记录备查。

（5）防止"空岗"。交班时，如果下一班的瓦斯检查作业人员未到班，交班瓦斯检查作业人员必须请示值班领导，由值班领导决定是由交班瓦斯检查作业人员继续进行下一班的瓦斯检查工作，还是由地面另派瓦斯检查作业人员。无论采取何种方式，都不能中断瓦斯检查工作。为了防止发生"空岗"，通风部门值班领导（或班组长）在每班上班之前要详细清点瓦斯检查作业人数。

3. 《煤矿安全规程》对瓦斯检查地点与检查次数的规定

（1）矿井瓦斯检查的主要地点。矿井所有采掘工作面、硐室，使用中的机械电气设备的设置地点，有人员作业的地点，瓦斯浓度可能超限或积聚的地点都应纳入检查范围。具体地点有：矿井总回风、一翼回风、水平回风、采区回风；采掘工作面及其进回风巷，采煤工作面的隅角、采煤机附近、采煤工作面输送机槽、采煤工作面采空区侧；机电硐室、钻场、密闭、局部通风机及其开关附近，回风流中机械电气设备附近，其他人员作业的地点等。

（2）瓦斯检查工必须携带便携式光学甲烷检测仪和便携式甲烷检测报警仪。

（3）采掘工作面的甲烷浓度检查次数：低瓦斯矿井，每班至少2次；高瓦斯矿井，每班至少3次；突出煤层、有瓦斯喷出危险或者瓦斯涌出较大、变化异常的采掘工作面，必须有专人经常检查。

（4）采掘工作面二氧化碳浓度应当每班至少检查2次；有煤（岩）与二氧化碳突出危险或者二氧化碳涌出量较大、变化异常的采掘工作面，必须有专人经常检查二氧化碳浓度。对于未进行作业的采掘工作面，可能涌出或者积聚甲烷、二氧化碳的硐室和巷道，应当每班至少检查1次甲烷、二氧化碳浓度。

（5）瓦斯检查工必须执行瓦斯巡回检查制度和请示报告制度，并认真填写瓦斯检查班报。每次检查结果必须记入瓦斯检查班报手册和检查地点的记录牌上，并通知现场工作人员。甲烷浓度超过《煤矿安全规程》规定时，瓦斯检查工有权责令现场人员停止工作，并撤到安全地点。

（6）在有自然发火危险的矿井，必须定期检查一氧化碳浓度、气体温度等变化情况。

（7）井下停风地点栅栏外风流中的甲烷浓度每天至少检查 1 次，密闭外的甲烷浓度每周至少检查 1 次。

（8）通风值班人员必须审阅瓦斯班报，掌握瓦斯变化情况，发现问题，及时处理，并向矿调度室汇报。通风瓦斯日报必须送矿长、矿总工程师审阅，一矿多井的矿必须同时送井长、井技术负责人审阅。对重大的通风、瓦斯问题，应当制定措施，进行处理。

三、临时停风和采空区的瓦斯管理

1. 临时停风的管理

（1）独头巷道的局部通风机必须保持正常运转，临时停工时，不得停风。如果因临时停电或其他原因，局部通风机停止运转，风电闭锁装置立即切断局部通风机供风巷道的一切非本安型电气设备的电源，人员撤至全风压通风的进风流中，独头巷道口设置栅栏、挂明显警标牌或派专人在巷道口新鲜风流中看守，严禁人员入内。

恢复通风前，必须检查瓦斯。只有在局部通风机及其开关附近 10 m 以内风流中的瓦斯浓度都不超过 0.5% 时，方可人工开启局部通风机。

确定为长期停风（超过 24 h），必须在 24 h 内封闭完毕。

（2）因检修等原因需临时（不超过 24 h）停电停风的采、掘工作面，通风部门必须编制恢复通风（包括排放瓦斯）的安全措施，与停电停风申请报告书同时提出，不编制此工作面安全措施不得停电停风。

（3）临时停风，瓦斯浓度不超过 3% 的采掘工作面，由通风区队和瓦斯检查作业人员负责就地排放。

（4）巷道瓦斯浓度超过 3%，排放瓦斯风流途经路线短，直接进入回风系统，不影响其他采掘工作面排放瓦斯的安全措施，必须由矿总工程师组织有关部门共同审查，由矿总工程师签字批准。排放瓦斯工作由救护队执行。

（5）瓦斯浓度超过 3%，排放瓦斯路线长，影响范围大，排放瓦斯风流切断采掘工作面的安全出口时，其排放瓦斯的安全措施必须由矿总工程师组织有关部门共同审查，报公司总工程师批准。排放瓦斯工作由救护队执行。

（6）凡打开密闭必须制定安全措施，由救护队执行。实现正常通风后，瓦斯浓度降到 1% 以下，二氧化碳浓度降到 1.5% 以下时，非救护队人员方可进入。

2. 盲巷、采空区的管理

盲巷和采空区是井下积存大量高浓度瓦斯的主要场所，必须作为矿井瓦斯管理工作的重点进行管理。

（1）井下应尽量避免出现任何形式的盲巷，与生产无关的报废巷道或旧巷，必须及时充填或用不燃性材料进行封闭。

（2）对于掘进施工的独头巷道，局部通风必须保持连续运转，临时停工也不得停风。如因临时停电或其他原因，局部通风机停止运转，要立即切断巷道内一切电气设备的电源（安设风电闭锁装置可自动断电）和撤出所有人员，在巷道口设置栅栏，并挂有明显警标，严禁人员入内，瓦斯检查作业人员每班在栅栏处至少检查一次。如果发现栅栏内侧 1 m 处瓦斯浓度超过 3% 或其他有害气体超过允许浓度，不能立即处理时，必须在 24 h 内密闭。

（3）长期停工、瓦斯涌出量较大的岩石巷道也必须封闭，没有瓦斯涌出或涌出量不大（积存瓦斯浓度不超过 3%）的岩巷可不封闭，但必须在巷口设置栅栏、揭示警标，禁止人员入内并定期检查。

（4）凡封闭的巷道，要对密闭坚持定期检查，至少每周一次，并对密闭质量、内外压差、密闭内气体成分、温度等进行检测和分析，发现问题采取相应措施及时处理。

（5）有瓦斯积存的盲巷恢复通风排放瓦斯或打开密闭时，应特别慎重，事先必须编制专门的安全措施，报矿总工程师批准。处理前应由救护队佩戴呼吸器进入瓦斯积聚区域检查瓦斯浓度，并估算积聚的瓦斯数量，然后再按"分级管理"的规定排放瓦斯，应严格按照《煤矿安全规程》的规定执行。

四、贯通时的瓦斯管理

1. 贯通前

（1）巷道贯通前应当制定贯通专项措施。综合机械化掘进巷道在相距 50 m 前、其他巷道在相距 20 m 前，必须停止一个工作面作业，做好调整通风系统的准备工作。

（2）停掘的工作面必须保持正常通风，设置栅栏及警标，每班必须检查风筒的完好状况和工作面及其回风流中的瓦斯浓度，瓦斯浓度超限时，必须立即处理。

（3）掘进的工作面每次爆破前，必须派专人和瓦斯检查工共同到停掘的工作面检查工作面及其回风流中的瓦斯浓度，瓦斯浓度超限时，必须先停止在掘工作面的工作，然后处理瓦斯，只有在 2 个工作面及其回风流中的甲烷浓度都在 1.0% 以下时，掘进的工作面方可爆破。每次爆破前，2 个工作面入口必须有专人警戒。

2. 贯通时

（1）贯通时，必须由专人在现场统一指挥。

（2）坚持"一炮三检"制度，每次爆破后，爆破作业人员和班组长必须巡视爆破地点，检查通风、瓦斯、煤尘、顶板、支架和拒爆等情况，只有等双方工作面检查完毕认为无异常情况，人员撤出警戒区域后，才允许进行掘进工作面的下一次爆破作业。

（3）间距小于 20 m 的平行巷道，其中一个进行爆破时，两个工作面的人员都必须撤至安全地点。

（4）在地质构造复杂的地区进行贯通工作，还应按处理破碎顶板防止高冒的安全技术措施执行。

3. 贯通后

贯通后，必须停止采区内的一切工作，立即调整通风系统，风流稳定后，方可恢复工作。

五、瓦斯排放的管理

1. 排放瓦斯工作应遵守的规定

（1）排除独头巷道积聚的瓦斯，须先检查瓦斯，当局部通风机及其开关地点附近 10 m 以内风流中瓦斯浓度都不超过 0.5% 时，方可人工开动局部通风机向独头巷道送入有限的风量，逐步排放积聚的瓦斯，必须使独头巷道中排出的风流在全风压风流混合处的瓦斯浓度和二氧化碳浓度都不得超过 1.5%。

（2）排放瓦斯时，应有瓦斯检查人员在独头巷道回风流与全风压风流混合处检查瓦斯浓度，当瓦斯或二氧化碳浓度达到 1.5% 时，应指令调节风量人员，减少向独头巷道送入风量，确保独头巷道排出的瓦斯在全风压风流混合处的瓦斯浓度和二氧化碳浓度均不超限。

（3）排放瓦斯时，严禁局部通风机发生循环风。

（4）排放瓦斯风流流经巷道内的非本安型电气设备，必须指定专人在采区变电所和配电点两处同时切断电源，并设警示牌，由专人管理。

（5）排放瓦斯后，经检查证实，整个独头巷道内风流中的瓦斯浓度不超过 1%，二氧化碳浓度不超过 1.5%，且稳定 30 min 后，方可恢复局部通风机的正常通风。

（6）排放瓦斯应一次完成全部排放工作，如因巷道冒顶、积水等，不能一次排完时，未排放区域必须立即封闭。

（7）独头巷道恢复正常通风后，必须由电工对独头巷道中的电气设备进行检查，证实完好后，方可人工恢复局部通风机供风巷道内供电设备供电和采区回风系统内的供电。

2. 排放瓦斯的安全措施

（1）计算排放瓦斯量、供风量和排放时间，制定控制排放瓦斯的方法，严禁"一风吹"，确保排出的风流在同全风压风流混合处的瓦斯浓度不超过1.5%，要在排放瓦斯风流与全风压风流混合处安设声光瓦斯报警仪。

（2）确定排放瓦斯风流的流经路线和方向，风流控制设施的位置，必须做到文图齐全，并在图上注明。

（3）明确停电撤人范围，凡是受排放瓦斯影响的硐室、巷道和被排放瓦斯风流切断安全出口的采掘工作面，必须撤人、停止作业，指定警戒人员的位置，禁止其他人员进入。

3. 控制排放风流中瓦斯的方法

控制排放风流中瓦斯的方法很多，应根据排放现场的具体情况选定。

（1）局部通风机直接排放法。独巷停风时间较短，积存瓦斯量不多，在排放瓦斯回风线路上瓦斯浓度不超过规定时，可直接启动局部通风机进行排放。这种方法的安全性与局部通风机全速运转风量通过风筒的风量 $Q_局$，独巷内平均瓦斯浓度 C_o，全风压实际风量（第一汇合处风量）Q 及全风压风流中的瓦斯浓度 $C_实$ 有关。根据独巷内排出的瓦斯量与全风压处瓦斯量的关系。可由下式粗略计算应送入独巷的风量：

$$Q_局 \leqslant \frac{Q(C-C_实)}{C_o}$$

式中　C——排出的瓦斯流经线路允许的瓦斯浓度，%。

如果送入独巷内的风量大于 $Q_局$，排出后在第一汇合处瓦斯浓度必然超过规定。这种情况下，则不能采用局部通风机直接排放法排放瓦斯。为此可利用附近的风门配合进行。用增大全风压风量来解决。需要打开的风门，必须专人把守，检查瓦斯人员根据瓦斯浓度变化，指挥打开风门的程度。注意：使用此方法，必须熟悉该区域和全矿井的通风系统及风量分配情况，只有在临时打开风门后，对其他系统无影响或无大的影响情况下，才能用打开风门配合排放，否则将会造成不良后果。

（2）使用变频调速风机直接排放。这种方法方便易行，就是在排出瓦斯流经的巷道内设置甲烷传感器，将甲烷传感器和变频调速风机的调速装置连接。当甲烷超限时变频调速装置动作，减小风机的转速。从而减少送入的风量，当排出的甲烷不超限时，变频调速装置加大风机转速增加送风量。从而保证排出的甲烷不超过规定。

（3）增阻排放法。排放前，在回风口以外的新风流一侧将风筒用绳子捆结一定的程度，以增加阻力。控制通过风筒的风量，使全风压风流汇合处的瓦斯浓度控制在规定范围内。随着浓度的下降，逐渐放开绳子，直到最后全部放松。捆风筒时，不能将风筒捆严，以防烧坏局部通风机。

另外，还可以在局部通风机进风处增加阻力。未开局部通风机前用木板将局部通风机进风处挡住一部分，根据需要逐渐拉开木板，控制局部通风机风量。这种方法比绳子捆扎风筒更方便。

（4）风筒接头调风排放法。若独巷距离短，停风时间长，瓦斯积聚量大，启动局部通风机排放瓦斯前，在回风口一侧的全风压巷道内，将风筒接头断开，然后启动局部通风机，并检查局部通风机有无循环风。一旦出现循环风，立即停止局部通风机运转，将局部通风机一侧的风筒捆小，增加阻力，减少风量，消除循环风。根据瓦斯浓度的大小，将断开的风筒接头拉成一定错距来调节送往独巷的风量，使大部分风量从断口短路，流入回风并降低瓦斯浓度。检查瓦斯人员必须同调风人员紧密配合，根据瓦斯浓度指挥调风人员及时调风，做到安全可靠。开始送往独巷的风量要小，然后根据排出的瓦斯浓度大小来确定两风筒错口距或吻合的程度。随着接头的逐渐吻合，风量由小而大送往独巷。当两接头全部吻合后，独巷的风量近似最大值。如果回风长时间稳定在安全瓦斯浓度范围，说明独巷内瓦斯排放工作完毕，即可全部恢复接头。在重新恢复接头时，如果因压力大有困难，可短时间停止局部通风机运转，但应尽量缩短操作时间，以免再次造成独巷内瓦斯积聚。

（5）风筒三通调风排放法。独巷敷设风筒时，在回风口一侧的全风压风流中敷设一个三通风筒，如图 2-4 所示，平时将三通风筒未用的一头封堵，在图 2-4 中 A 处用绳子将风筒捆死。启动局部通风机排放瓦斯前，将三通风筒封堵的一头放开，启动局部通风机检查有无循环风，确认无循环风后开始排放瓦斯。当局部通风机启动后，风筒中的大部分风量经三通未用的一头进入回风内，很少一部分风量送往独巷便不会造成排出瓦斯浓度超限。为做到绝对有把握，可将三通至独巷的一头缩小，然后根据需要逐渐放大，直至全部放完，在回风瓦斯浓度不超限时，可以慢慢缩小三通未用的一头，全部封严后送往独巷的风量已达最高值。当回风长时间都稳定在安全瓦斯浓度时，证明独巷瓦斯已排放完毕。

（6）逐段通风排放法。一般情况下，已经封闭的独巷里面都已积聚了瓦斯浓度高的气体，排放时比较困难。所以，启封密闭排放瓦斯要十分慎重。

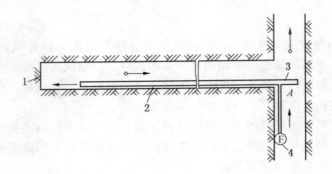

1—掘进工作面；2—风筒；3—三通风筒；4—局部通风机

图 2－4　三通风筒示意图

通常独巷内都未敷设风筒，启封密闭排放瓦斯时要敷设风筒。一次性将风筒全部敷设在井下无风的高浓度瓦斯区既困难又危险。因此，采取逐段排放法较好。

排放前，准备一根短风筒（5 m 左右），先检查密闭处有无瓦斯积聚，如果有则必须先处理后启封。将密闭上角打一些比较小的孔洞，启动局部通风机，先使风筒偏离孔洞，然后逐渐靠近。同时检查回风瓦斯，用风筒与密闭孔洞距离的大小来控制瓦斯浓度。再慢慢扩大密闭孔洞，直到风筒移入密闭内，附近瓦斯浓度不超 1.5%，再全部打开密闭，人员才能进入里面，风筒可随着向前敷设运入独巷。待风筒出口附近瓦斯浓度下降后，可将风筒出口缩小，加大风筒出口射程，排出前方的瓦斯。当风筒出口前方一段的瓦斯浓度不超过 1.5% 时，接上一根短风筒，加大风筒出口射程，排放前方的瓦斯，符合规定后取下短风筒，接上一根平时用的风筒（一般 10 m），依次逐段地排放。如果发现回风瓦斯超过安全值时，可将风筒接头断开，采用风筒接头调风法排放。

第三节　局部瓦斯积聚与处理

一、局部瓦斯积聚的概念

局部瓦斯积聚是指采掘工作面及其他巷道内，体积大于 0.5 m^3 的空间内积聚的瓦斯浓度达到 2% 的现象。

二、易发生局部瓦斯积聚的地点

凡井下瓦斯涌出量较大，通风不良或风流达不到的地点，都极易发生局部瓦斯积聚，主要地点有：采煤工作面上隅角、刮板输送机底槽内、顶板冒落的空洞、风速低的巷道顶板附近、临时停风的掘进工作面和盲巷、采煤工作面接近采空区边界、水采工作面、采煤机械风流不畅附近，都易积聚瓦斯。

三、瓦斯积聚的危害

在煤矿井，一旦发生瓦斯积聚，如不及时采取措施，当遇到点燃火花时，极易造成瓦斯燃烧或爆炸；另一方面，瓦斯积聚的地点，达到一定浓度后，人员进入容易发生窒息事故。瓦斯积聚的地点是井下安全生产的隐患，一旦发现，应及时采取措施进行处理。

四、局部瓦斯积聚处理的方法

1. 采煤工作面上隅角处瓦斯积聚的处理方法

（1）引导风流法。引导风流法的实质是将新鲜风流引入瓦斯积聚的地点，把局部积聚的瓦斯冲淡、带走。如图2-5所示的风障引导风流法是应用较普遍的方法，它适应于上隅角瓦斯涌出量不超过 2 m^3/min、工作面风量大于 200 m^3/min、风障最大长度不超过20 m的条件。风障引导风流法的优点是安设简单，不需要任何动力设备；其不足是引入风量有限、波动性大，增加

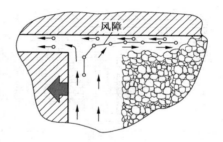

图2-5　风障引导风流处理上隅角积聚瓦斯

了通风阻力，加剧了采空区漏风，减少了作业空间，降低了作业环境的安全程度。

（2）风筒导排风流法。风筒导排风流法，按其动力源的不同分为水力引射器、电动通风机和压气引射器3种不同导排方式。其处理积聚瓦斯的原理和布置方式都是相同的，如图2-6所示，风筒进风口设在上隅角瓦斯积聚地点后，工作面中一部分风流流经上隅角进入风筒口时，即把积聚的瓦斯冲淡、带走。

这种方法的优点是处理能力大，适应范围广。其缺点是需要安设设备，并占据了一定采掘空间，影响作业环境和条件，尤其是电动通风机，虽然有很好的防爆性能，但由于采煤工作面作业条件较差，难免产生冲击、摩擦火花等，管理和维护比较困难；同时，需要一定的动力为条件，不经济。

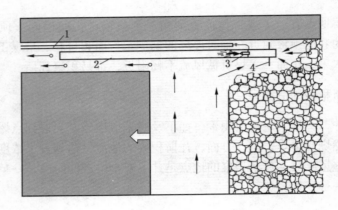

1—水管；2—导风筒；3—喷射器；4—风障

图2-6 利用水力引射器排除积聚的瓦斯

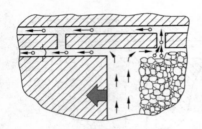

图2-7 巷尾排放法排除积聚的瓦斯

（3）巷尾排放法。如图2-7所示。尾巷排放法是目前广泛采用的一种方法。此种方法利用尾巷与工作面采空区的压力差，使工作面一部分风流流经上隅角、采空区、通风眼（联络眼）到尾巷，达到冲淡、排除上隅角瓦斯的目的。如果尾巷排放瓦斯效果不显著，可在工作面的回风道设调节风门，以增大采空区与尾巷之间的压差，提高排放效果。

此方法的优点是利用已有的巷道，不需要增加设备，易于实施，较经济。其不足是进入尾巷的瓦斯量难以控制，瓦斯浓度忽高忽低。

（4）沿空留巷排除法。在工作面回风巷沿空留巷，使部分风流通过上隅角，以冲淡和带走上隅角局部积聚的瓦斯，如图2-8所示。

（5）瓦斯抽放法。瓦斯抽放法即进行采空区的瓦斯抽放，采用可移动瓦斯泵抽放上隅角瓦斯，收到很好的效果。

（6）充填置换法。这种方法是对采空区上隅角的空隙进行充填，将积聚瓦斯的空间用不燃性固体物质充填严密，使瓦斯没有积聚的空间。这种方法效果明显，还可达到预防自然发火的目的，是一举多得的好措施，但这种方法除受条件限制外，工艺过程较复杂，对生产有一定干扰。因此，除特殊要求的少数矿井外，大部分矿井还没有应用。

（7）调整通风方法。根据煤层赋存条件的不同和瓦斯涌出量大小、涌出来源及涌出形式，可调整或选择较适宜的通风方式，达到预防、排除上隅角积聚瓦斯的目的。

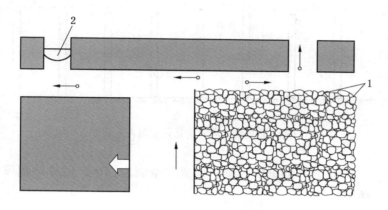

1—密集支柱；2—调节风门

图2-8　沿空留巷处理上隅角局部积聚的瓦斯

2. 巷道冒落空间内瓦斯积聚的处理方法

（1）导风板引风法。在高顶空间下的支架顶梁上钉挡板，把一部分风流引到高冒处，吹散积聚瓦斯，如图2-9所示。

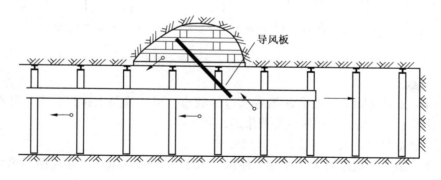

图2-9　导风板引风法处理巷道冒落空洞内局部积聚的瓦斯

（2）充填置换法。在棚梁上铺设一定厚度的木板或荆笆，再在上面填满黄土或砂子，从而将积聚的瓦斯置换排除，如图2-10所示。

（3）风筒分支排放法。巷道内若有风筒，可在冒顶处附近的风筒上加"三

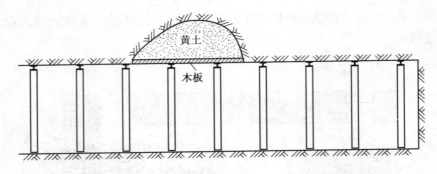

图 2 - 10　充填置换法处理巷道冒落空洞内局部积聚的瓦斯

通"或安设一段小直径的分支风筒，向冒顶空洞内送风，以排除积聚的瓦斯，如图 2 - 11 所示。

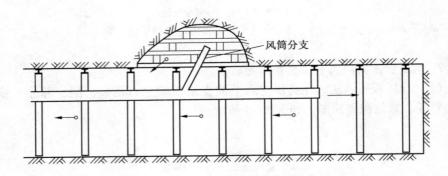

图 2 - 11　风筒分支排放法处理巷道冒落空洞中局部积聚的瓦斯

（4）压风排除法。在有压风管通过的巷道，可在管路上接出分支，并在支管上设若干个喷嘴，利用压风将积聚的瓦斯排除。

3. 巷道顶部层状赋存瓦斯的处理方法

（1）加大巷道内的风流速度，使风速大于 0.5 ~ 1.0 m/s，让瓦斯与风流充分混合而排除。

（2）加大顶板附近的风流速度，如在顶梁下设置导风板，将风流引向顶板附近等；也可沿顶板铺设铁风筒，每隔一定距离接出一短管，或沿顶板铺设钻有小孔的压风管等，这样都可将积聚的层状瓦斯吹散。

（3）隔绝瓦斯来源。如果顶板裂隙发育有大量瓦斯涌出，可用木板或黏土将其背严、填实。

（4）钻孔抽放瓦斯。如果顶板有集中的瓦斯来源，可向顶板打钻接管抽放瓦斯。

4. 采煤机附近瓦斯积聚的处理方法

根据瓦斯积聚形成的不同原因，应采取相应的处理方法：

（1）加大风量。在采取煤层注水湿润煤体和采煤机喷雾降尘后，经矿总工程师批准，可适当加大风量。

（2）降低瓦斯涌出量和减少瓦斯涌出量的不均衡性。可延长采煤机在生产班中的工作时间或每昼夜增加一个生产班次，使采煤机以较小的速度和截深采煤。

（3）当采煤机附近（或工作面其他部位）出现局部瓦斯积聚时，可安装小型局部通风机或水力引射器，吹散排出积聚的瓦斯。

（4）抽采瓦斯。即采取煤层开采前预抽或开采过程中边采边抽的方法降低瓦斯涌出量。

第四节　矿井安全监控系统及瓦斯报警断电装置

一、矿井安全监控系统

煤矿安全监控系统，是应煤矿生产自动化和管理现代化的要求，为确保安全、高效生产，在便携式检测仪器、半固定式、固定式检测装置的基础上应用遥测、遥控技术、监视及电子计算机的开发而发展起来的多种现代化技术装置组成的系统。矿井安全监控系统是指对煤矿井上、下的有关气体、环境及有关生产环节的机电设备运行状态等进行检测、监视，用计算机对采集的数据进行分析处理，对设备局部生产环境或过程进行控制的一种系统。

安全监控系统监测和监控的内容包括以下三方面：矿井空气成分的监测主要是指进入矿井空气中污染物的浓度，CH_4、CO、CO_2、NO、NO_2 炮烟等；空气物理状态的监测，主要有温度、湿度、风速和空气压力等；生产环节的各种机电设备运行状态的监控，如采掘进尺、煤仓料位、水泵排水量、提升、压风机、带式输送机、采煤机、掘进机和局部通风机等的运行状态和参数。煤矿安全监控系统，是应煤矿生产自动化和管理现代化的要求，为确保安全、高效生产，在便携式检测仪器、半固定式、固定式检测装置的基础上应用遥测、遥控技术，监视及电子计算机技术的开发而发展起来的多种现代化技术装置组成的监控监测系统。

现行国内的监控系统主要分三大类，即 KJ 系列、TF－200 和 A－1。

矿井安全监控系统一般由传感器、执行机构、分站、电源箱、中心站（或传输接口，含显示器）、打印机、电视墙（或投影仪、模拟盘、多屏幕、大屏幕）、管理工作站、服务器、路由器、UPS 电源、电缆和接线盒等组成。

（1）传感器：传感器将被测物理量转换为电信号，经矿用电缆与分站相连，有的还具有显示和声光报警功能。

（2）执行机构：实现声光报警、显示及控制，用矿用电缆与分站相连。

（3）分站：接收来自传感器的信号，并按预先约定的复用方式（频分制或时分制等）远距离传送给主站，同时接收来自主站多路复用信号。分站还具有简单的数据处理能力，对传感器输入的信号和主站（和传输接口）传输来的信号进行处理，控制执行机构工作。

（4）电源箱：供给系统所需的本质安全型直流电源，在交流电网停电后蓄电池维持供电不小于 2 h。

（5）中心站：接收与处理分站远距离发送的信号，信号数据统计与存储、显示，信号判别与声光报警、控制，打印输出，网络连接，人机对话等；同时将信号送相应分站。

（6）电视墙：用来显示信息，以便于在调度室远距离观察。

（7）管理工作站：一般设置在调度室、矿长办公室、总工程师办公室以及相关单位办公室，以便随时了解矿井安全及生产状况。

（8）服务器：用于存储信息，以便调用和查询。

（9）路由器：用于接入局部网络和广域网等。

二、瓦斯报警断电装置

（一）概述

瓦斯报警断电装置是煤矿应用最早最广泛的瓦斯监测仪器之一。它是长期自动、连续、监测风流中的瓦斯浓度。当瓦斯浓度超过规定值时，仪器同时发出声和光的报警信号；当瓦斯浓度超过断电值时，主机通过控制继电器切断被控区域内的电源，防止电气设备产生火花，引起瓦斯爆炸，从而保证安全生产。

瓦斯断电仪遥测仪种类很多。主要有 ADJ－2 型瓦斯报警断电仪、AK20A 瓦斯报警断电装置、AWD－3 瓦斯报警断电装置 FD2B－1 型风电瓦斯闭锁装置、KG700S 智能型风电瓦斯闭锁装置等。

（二）构成

瓦斯报警断电装置通常由传感器、声光报警箱和主机三部分组成。

（三）传感器的种类与作用

1. 传感器的工作原理

传感器是一种借助于敏感元件或检测元件，对被测物理量（一般为非电量）进行检测和信号变换，输出模拟量信号或开关量信号的装置。传感器主要由敏感元件、转换器件、测量及变换电路和电源等组成，检测元件直接与被测量接触，并输出与被测量成一定关系、便于检测的电量。测量电路再将检测元件输出的电信号变换为便于显示、记录、控制处理的标准电信号。

2. 传感器的分类方法

传感器按被测量对象的不同分为速度传感器、压力传感器、温度传感器、浓度传感器等；按构造原理不同分为电阻式、磁阻式、热电式及特殊检测方式（如同位素、超声波、红外线）等；按输出电信号不同分为模拟量输出传感器和数字量输出传感器。

3. 瓦斯传感器

瓦斯传感器可以连续实时地检测瓦斯浓度。煤矿常用的瓦斯传感器，按检测原理分类有：光学式、催化燃烧式、热导式、气敏半导体式等。

催化燃烧式气体检测原理为：利用敏感元件或其他可燃烧气体的催化作用，使瓦斯在元件表面发生无焰燃烧，放出热量；使元件温度上升，检测元件可随自身温度变化量测定气体浓度。敏感元件的催化作用和检测原理与便携式瓦斯检测仪相同。

催化燃烧式瓦斯传感器一般只用于检测低浓度瓦斯。光学式瓦斯传感器亦称为光干涉式，是利用光干涉原理构成的连续瓦斯检测装置。其检测原理和光学瓦斯检测仪相同，不同点是加一个干涉条纹加宽装置，然后用光电接收器件（如光电管、光敏电阻等）将干涉条纹移动量转变为电信号。

热导式瓦斯传感器的工作原理和热导式瓦斯检测仪相同。可用于高浓度瓦斯的检测。

气敏式半导体瓦斯传感器是利用半导体材料，当接触到气体时会发生电阻值或其他特性的变化，从而作为敏感元件来测定瓦斯浓度。在煤矿一般是测量 1% 以下的瓦斯。

4. 一氧化碳传感器

检测一氧化碳的仪器按检测原理分为电化学、红外线吸收、气敏半导体型等。国内外煤矿广泛使用的是电化学一氧化碳传感器。其工作原理与一氧化碳检测仪相同。

5. 氧气传感器

氧气传感器的种类很多，比较实用的有采用定电位法和加伐尼电池法的传感器。下面以后者为例，说明其工作原理。

加伐尼电池式氧气传感器由正、负电极，电解液，隔膜等构成。传感器的正极使用铅等金属，负极使用金铂等金属。隔膜选用透氧性好的聚乙烯等薄膜。它本身相当于一个电池，无须外加能源便能与氧气发生反应而产生电势和电流，且该电流的大小与氧气浓度成正比。根据这个电流的大小便可知气体中氧气的含量。

三、《煤矿安全规程》对传感器设置规定

（一）对瓦斯传感器设置规定

由于瓦斯的密度小于空气，矿井巷道上方的瓦斯浓度大于下方。因此，瓦斯传感器应垂直悬挂在巷道的上方，距顶板（顶梁）不得大于 300 mm，距巷道侧壁不得小于 200 mm。瓦斯传感器的报警浓度、断电浓度、复电浓度和断电范围必须符合表 2-1 的规定。

表 2-1 瓦斯传感器的报警浓度、断电浓度、复电浓度和断电范围

瓦斯传感器设置地点	报警浓度/%	断电浓度/%	复电浓度/%	断电范围
采煤工作面回风隅角	≥1.0	≥1.5	<1.0	工作面及其回风巷内全部非本质安全型电气设备
低瓦斯和高瓦斯矿井的采煤工作面	≥1.0	≥1.5	<1.0	工作面及其回风巷内全部非本质安全型电气设备
突出矿井的采煤工作面	≥1.0	≥1.5	<1.0	工作面及其进、回风巷内全部非本质安全型电气设备
采煤工作面回风巷	≥1.0	≥1.0	<1.0	工作面及其回风巷内全部非本质安全型电气设备
突出矿井采煤工作面进风巷	≥0.5	≥0.5	<0.5	工作面及其进、回风巷内全部非本质安全型电气设备
采用串联通风的被串采煤工作面进风巷	≥0.5	≥0.5	<0.5	被串采煤工作面及其进、回风巷内全部非本质安全型电气设备
高瓦斯、突出矿井采煤工作面回风巷中部	≥1.0	≥1.0	<1.0	工作面及其回风巷内全部非本质安全型电气设备

表 2-1（续）

瓦斯传感器设置地点	报警浓度/%	断电浓度/%	复电浓度/%	断 电 范 围
采煤机	≥1.0	≥1.5	<1.0	采煤机电源
煤巷、半煤岩巷和有瓦斯涌出岩巷的掘进工作面	≥1.0	≥1.5	<1.0	掘进巷道内全部非本质安全型电气设备
煤巷、半煤岩巷和有瓦斯涌出岩巷的掘进工作面回风流中	≥1.0	≥1.0	<1.0	掘进巷道内全部非本质安全型电气设备
突出矿井的煤巷、半煤岩巷和有瓦斯涌出岩巷的掘进工作面的进风分风口处	≥0.5	≥0.5	<0.5	掘进巷道内全部非本质安全型电气设备
采用串联通风的被串掘进工作面局部通风机前	≥0.5	≥0.5	<0.5	被串掘进巷道内全部非本质安全型电气设备
	≥0.5	≥1.5	<0.5	被串掘进工作面局部通风机
高瓦斯矿井双巷掘进工作面混合回风流处	≥1.0	≥1.0	<1.0	除全风压供风的进风巷外，双掘进巷道内全部非本质安全型电气设备
高瓦斯和突出矿井掘进巷道中部	≥1.0	≥1.0	<1.0	掘进巷道内全部非本质安全型电气设备
掘进机、连续采煤机、锚杆钻车、梭车	≥1.0	≥1.5	<1.0	掘进机、连续采煤机、锚杆钻车、梭车电源
采区回风巷	≥1.0	≥1.0	<1.0	采区回风巷内全部非本质安全型电气设备
一翼回风巷及总回风巷	≥0.75	—	—	
使用架线电机车的主要运输巷道内装煤点处	≥0.5	≥0.5	<0.5	装煤点处上风流100 m内及其下风流的架空线电源和全部非本质安全型电气设备
矿用防爆型蓄电池电机车	≥0.5	≥0.5	<0.5	机车电源

表 2-1（续）

瓦斯传感器设置地点	报警浓度/%	断电浓度/%	复电浓度/%	断电范围
矿用防爆型柴油机车、无轨胶轮车	≥0.5	≥0.5	<0.5	车辆动力
井下煤仓	≥1.5	≥1.5	<1.5	煤仓附近的各类运输设备及其他非本质安全型电气设备
封闭的带式输送机地面走廊内，带式输送机滚筒上方	≥1.5	≥1.5	<1.5	带式输送机地面走廊内全部非本质安全型电气设备
地面瓦斯抽采泵房内	≥0.5			
井下临时瓦斯抽采泵站下风侧栅栏外	≥1.0	≥1.0	<1.0	瓦斯抽采泵站电源

1. 采煤工作面瓦斯传感器的设置

瓦斯、高瓦斯和煤与瓦斯突出矿井都必须在工作面设置瓦斯传感器，高瓦斯和煤与瓦斯突出矿井都必须在工作面的回风巷设置瓦斯传感器。由于工作面上隅角通风条件较差，易造成瓦斯积聚，同时为便于使用与维护，高瓦斯和煤与瓦斯突出矿井的采煤工作面上隅角必须设置便携式瓦斯检测报警仪。串联通风的采煤工作面，必须在被串工作面的进风巷设置瓦斯传感器。

（1）采煤工作面瓦斯传感器的设置。采煤工作面瓦斯传感器应尽量靠近工作面设置，如图 2-12 所示。其报警浓度为 1.0% CH_4，断电浓度为 1.5% CH_4，复电浓度为 1.0% CH_4，断电范围为工作面及回风巷中全部非本质安全型电气设备。煤与瓦斯突出矿井的采煤工作面，断电范围为进风巷、工作面及回风巷中全部非本质安全型电气设备。有煤与瓦斯突出矿井的采煤工作面，断电范围为进风巷、工作面和回风巷内的全部非本质安全型电气设备。若工作面瓦斯传感器不能控制进风巷内全部非本质安全型电气设备，则必须在进风巷布置瓦斯传感器，其布置见进风巷瓦斯传感器的布置。

（2）采煤工作面上隅角瓦斯传感器的设置。采煤工作面应在上隅角设置瓦斯传感器，如图 2-13 所示。其报警浓度为 1.0% CH_4，断电浓度为 1.5% CH_4，复电浓度为 1.0% CH_4，断电范围为工作面及回风巷中全部非本质安全型电气设备。

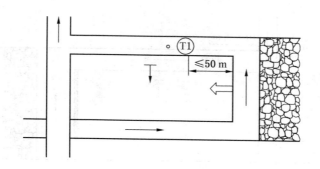

T1—采煤工作面瓦斯传感器

图 2 - 12 采煤工作面瓦斯传感器

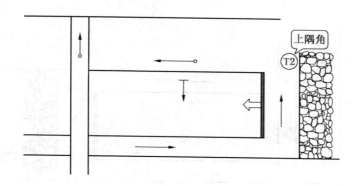

T2—采煤工作面上隅角瓦斯传感器

图 2 - 13 采煤工作面上隅角瓦斯传感器

（3）采煤工作面回风巷瓦斯传感器的设置。为保证采煤工作面回风巷瓦斯传感器能正确反映采煤工作面回风巷内的瓦斯含量，回风巷瓦斯传感器应设置在瓦斯等有害气体与新鲜风流混合均匀且风流稳定的位置，如图 2 - 14 所示。其报警浓度为 1.0% CH_4，断电浓度为 1.0% CH_4，复电浓度为 1.0% CH_4，断电范围为工作面及回风巷中全部非本质安全型电气设备。

（4）采煤工作面进风巷瓦斯传感器的布置。用于监测有煤与瓦斯突出矿井的采煤工作面的进风巷瓦斯传感器，应尽量靠近工作面布置，如图 2 - 15 所示，以便及时监测采煤工作面的瓦斯变化情况。其报警浓度为 0.5% CH_4，断电浓度为 0.5% CH_4，复电浓度为 0.5% CH_4，断电范围为进风巷内的全部非本质安全型电气设备。

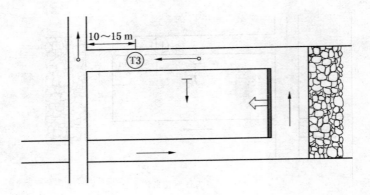

T3—采煤工作面回风巷瓦斯传感器

图 2 – 14　采煤工作面回风巷瓦斯传感器的布置

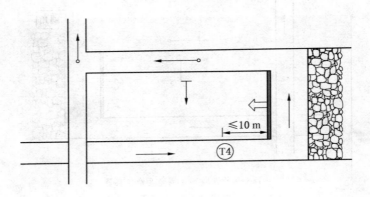

T4—采煤工作面进风巷瓦斯传感器

图 2 – 15　采煤工作面进风巷瓦斯传感器的布置

　　（5）串联通风采煤工作面进风巷瓦斯传感器的布置。采煤工作面采用串联通风时，进入被串工作面的风流中必须布置进风巷瓦斯传感器。为保证进风巷瓦斯传感器能正确反映所监测区域的瓦斯含量，进风巷瓦斯传感器应布置在瓦斯等有害气体与新鲜风流混合均匀且风流稳定的位置，如图 2 – 16 所示。其报警浓度为 0.5% CH$_4$，断电浓度为 0.5% CH$_4$，复电浓度为 0.5% CH$_4$，断电范围为进风巷、工作面和回风巷内的全部非本质安全型电气设备。

　　2. 掘进工作面瓦斯传感器的布置

　　（1）掘进工作面瓦斯传感器的布置。掘进工作面瓦斯传感器应尽量靠近工作面布置，如图 2 – 17 所示。其瓦斯报警浓度为 1.0% CH$_4$，断电浓度为 1.5%

CH_4，复电浓度为 $1.0\% CH_4$，断电范围为掘进巷道内全部非本质安全型电气设备。

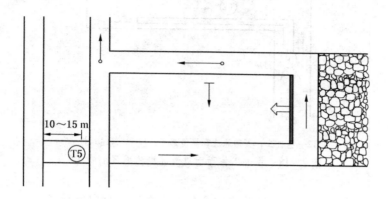

T5—串联通风采煤工作面进风巷瓦斯传感器

图 2-16 串联通风采煤工作面进风巷瓦斯传感器的布置

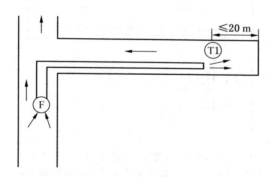

T1—掘进工作面瓦斯传感器；F—局部通风机

图 2-17 掘进工作面瓦斯传感器的布置

（2）沿空掘进工作面瓦斯传感器的布置。沿空掘进工作面回风流瓦斯传感器应布置在瓦斯等有害气体与新鲜风流混合均匀且风流稳定的位置，如图 2-18 所示。报警浓度为 $1.0\% CH_4$，断电浓度为 $1.0\% CH_4$，复电浓度为 $1.0\% CH_4$，断电范围为掘进巷道内全部非本质安全型电气设备。

（3）采用串联通风的掘进工作面瓦斯传感器的布置。采用串联通风的掘进工作面，必须在被串工作面局部通风机前布置掘进工作面进风流瓦斯传感器，如图 2-19 所示。其报警浓度为 $0.5\% CH_4$，断电浓度为 $0.5\% CH_4$，复电浓度

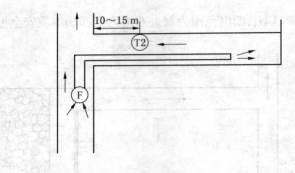

T2—掘进工作面回风流瓦斯传感器；F—局部通风机

图 2-18　掘进工作面回风流瓦斯传感器的布置

为 0.5% CH_4，断电范围为掘进巷道内全部非本质安全型电气设备。

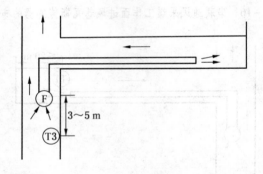

T3—掘进工作面进风流瓦斯传感器；F—局部通风机

图 2-19　掘进工作面进风流瓦斯传感器的布置

3. 机电硐室瓦斯传感器的布置

设在回风流中的机电硐室的进风侧中必须布置瓦斯传感器，如图 2-20 所示。其报警浓度为 0.5% CH_4，断电浓度为 0.5% CH_4，复电浓度为 0.5% CH_4，断电范围为机电硐室内的全部非本质安全型电气设备。

4. 装煤点瓦斯传感器的布置

高瓦斯矿井的主要进风（全风压通风）运输巷道内使用架线电机车时，装煤点必须布置瓦斯传感器，如图 2-21 所示。其报警浓度为 0.5% CH_4，断电浓度为 0.5% CH_4，复电浓度为 0.5% CH_4，断电范围为装煤点上风流 100 m 内及其下风流的架空线电源和全部非本质安全型电气设备。

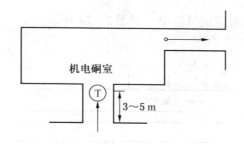

T—机电硐室进风流瓦斯传感器

图 2-20　机电硐室瓦斯传感器的布置

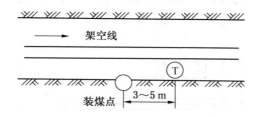

T—高瓦斯矿井的主要进风运输巷道内使用架线电机车时，装煤点处瓦斯传感器

图 2-21　装煤点瓦斯传感器的布置

5. 运输巷道瓦斯传感器的布置

高瓦斯矿井进风的主要运输巷道使用架线电机车时，在瓦斯涌出巷道的下风流中必须布置瓦斯传感器，如图 2-22 所示。其报警浓度为 0.5% CH_4，断电浓度为 0.5% CH_4，复电浓度为 0.5% CH_4，断电范围为瓦斯涌出巷道上风流 100 m 内及其下风流的架空线电源和全部非本质安全型电气设备。

（二）对一氧化碳传感器的设置规定

一氧化碳传感器主要用于煤炭自然发火的监测。由于一氧化碳的比重小于空气，因此一氧化碳传感器应布置在巷道的上方，并应不影响行人和行车，安装维护方便。为保证一氧化碳传感器的监测值能正确反映所监测区域的一氧化碳含量，一氧化碳传感器应布置在一氧化碳等有害气体与新鲜风流混合均匀且风流稳定的位置。一氧化碳传感器应布置在巷道前后 10 m 内无分支风流、无拐弯、无障碍，能够监测自然发火区域的位置。一氧化碳传感器应垂直悬挂，距顶板（顶梁）不得大于 300 mm，距巷道侧壁不得小于 200 mm。用于监测采煤工作面的一氧化碳传感器应布置在回风巷内，如图 2-23 所示。用于监测掘进工作面的一氧化碳传感器应布置在回风流中，如图2-24所示。

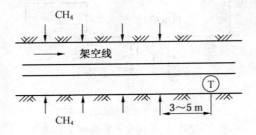

T—高瓦斯矿井进风的主要运输巷道使用架线电机车时，在瓦斯涌出巷道的瓦斯传感器

图2-22　运输巷道瓦斯传感器的布置

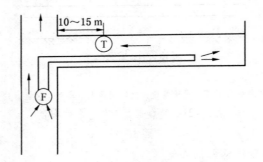

T—采煤工作面一氧化碳传感器

图2-23　采煤工作面一氧化碳传感器的布置

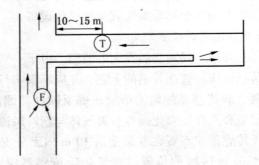

T—掘进工作面一氧化碳传感器；F—局部通风机

图2-24　掘进工作面一氧化碳传感器的布置

（三）对温度传感器的设置规定

温度传感器主要用于煤炭自然发火的监测。由于巷道上方温度高于下方，因此温度传感器应布置在巷道的上方，并应不影响行人和行车，安装维护方便。为保证温度传感器的监测值能正确反映所监测区域的温度，温度传感器应布置在靠近监测区域且风流稳定的位置。因此，温度传感器应布置在能够监测自然发火区域的位置。温度传感器应垂直悬挂，距顶板（顶梁）不得大于 300 mm，距巷道侧壁不得小于 200 mm。温度传感器的报警值为 30 ℃。如图 2 – 25 所示。

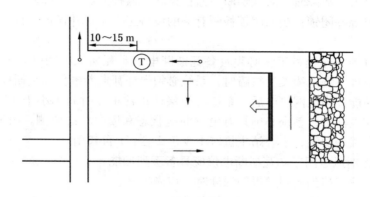

T—采煤工作面温度传感器

图 2 – 25　采煤工作面温度传感器的布置

（四）对其他传感器的设置规定

装备矿井安全监控系统的矿井，每一个采区、一翼回风巷及总回风巷的测风站应设置风速传感器，主要通风机的风硐应设置压力传感器；瓦斯抽放泵站的抽放泵吸入管路中应设置流量传感器、温度传感器和压力传感器，利用瓦斯时，还应在输出管路中设置流量传感器、温度传感器和压力传感器。

装备矿井安全监控系统的开采容易自燃、自燃煤层的矿井，应设置一氧化碳传感器和温度传感器。

装备矿井安全监控系统的矿井，主要通风机、局部通风机应设置设备开停传感器，主要风门应设置风门开关传感器，被控设备开关的负荷侧应设置馈电状态传感器。

四、《煤矿安全规程》的其他规定

（1）采区设计、采掘作业规程和安全技术措施，必须对安全监控设备的种类、数量和位置，信号电缆和电源电缆的敷设，控制区域等做出明确规定，并绘制布置图。

（2）煤矿安全监控设备之间必须使用专用阻燃电缆或光缆连接，严禁与调度电话电缆或动力电缆等共用。

（3）防爆型煤矿安全监控设备之间的输入、输出信号必须为本质安全型信号。

（4）安全监控设备必须具有故障闭锁功能：当与闭锁控制有关的设备未投入正常运行或者故障时，必须切断该监控设备所监控区域的全部非本质安全型电气设备的电源并闭锁；当与闭锁控制有关的设备工作正常并稳定运行后，自动解锁。

（5）矿井安全监控系统必须具备瓦斯断电仪和瓦斯风电闭锁装置的全部功能；当主机或系统电缆发生故障时，系统必须保证瓦斯断电仪和瓦斯风电闭锁装置的全部功能；当电网停电后，系统必须保证正常工作时间不小于 2 h；系统必须具有防雷电保护；系统必须具有电点断电状态和馈电状态监测、报警、显示、存储和打印报表功能；中心站主机应不少于 2 台，1 台备用。

（6）瓦斯风电闭锁和瓦斯断电仪应具备下列功能：

①瓦斯浓度达到或超过报警浓度时，声光报警；

②瓦斯浓度达到断电浓度时，切断被控设备电源并闭锁；瓦斯浓度低于复电浓度时，自动解锁。

③与闭锁控制有关的设备未投入正常运行或者故障时，应切断该设备所监控区域的全部非本质安全型电气设备的电源并闭锁。

（7）安装、使用和维护。

①安装断电控制系统时，必须根据断电范围要求，提供断电条件，并接通井下电源及控制线。安全监控设备的供电电源必须取自控制开关的电源侧，严禁接在被控开关的负荷侧。拆除或改变与安全监控设备关联的电气设备的电源线或控制线、检修与安全监控设备关联的电气设备，需要安全监控设备停止运行时，必须报告矿调度室，并制定安全措施后方可进行。

②安全监控设备必须定期进行调试、校正，每月至少 1 次。瓦斯传感器、便携式瓦斯检测报警仪等采用载体催化元件的瓦斯检测设备，每 7 天必须使用校准气样和空气调校 1 次。每 7 天必须对瓦斯超限断电功能进行测试。必须每天检查安全监控设备及电缆是否正常，使用便携式瓦斯检测报警仪或使用便携式光学瓦斯检测仪与瓦斯传感器进行对照，并将记录和检查结果报监测值班员；当两者读数误差大于允许误差时，先以读数较大者为依据，采取安全措施并必须在 8 h 内

对 2 种设备调校完毕。

③矿井安全监控系统中心站必须实时监控全部采掘工作面瓦斯浓度变化及被控设备的开、停状态。

④矿井安全监控系统的监测日报表必须报矿长和技术负责人审阅，必须设专职人员负责便携式瓦斯检测报警仪的充电、收发及维护。每班要清理隔爆罩上的煤尘，发放前必须检查便携式瓦斯检测报警仪的零点和电压或电源欠压值，不符合要求的严禁发放使用。配制瓦斯标准气样的装置和方法必须符合国家有关标准，相对误差必须小于 5% 。配备所用的原料气应选用浓度不低于 99.9% 的高纯度瓦斯气体。

⑤安全监控设备布置图和接线图应标明传感器、声光报警器、断电器、分站、电源、中心站等设备的位置、接线、断电范围、传输电缆等，并根据实际布置及时修改。

第三章 瓦斯检测仪器的安全操作技能

第一节 光学瓦斯检测仪

一、光学瓦斯检定器的特点

光学瓦斯检定器是利用光干涉原理，测定瓦斯和二氧化碳等多种气体的一种便携式检测仪器。按其测量瓦斯浓度的范围分为 0～10%（精度 0.01%）和 0～100%（精度 0.1%）两种。这种仪器的特点是携带方便，操作简单，安全可靠，且有足够的精度，但构造复杂，维修不便。

二、光学瓦斯检定器的构造

光学瓦斯检定器有很多种类，我国生产的主要有 AQG 和 AWJ 型，其外形和内部构造基本相同，现以 AQG－1 型为例进行说明。AQG－1 型光学瓦斯检定器结构如图 3－1 所示，其外形是个矩形盒子，由气路、光路和电路三大系统组成。

1. 气路系统

由吸气管、进气管、水分吸收管、二氧化碳吸收管、吸气橡皮球、气室（包括瓦斯室和空气室）和毛细管等组成。其主要部件的作用是：气室用于分别存贮新鲜空气和含有瓦斯或二氧化碳的气体；水分吸收管内装有氯化钙（或硅胶），用于吸收混合气体中的水分，使之不进入瓦斯室，以使测定准确；毛细管，其外端连通大气，其作用是使测定时的空气室内的空气温度和绝对压力与被测地点（或瓦斯室内）的温度和绝对压力相同，同时又使含瓦斯的气体不能进入空气室；二氧化碳吸收管内装有颗粒直径为 2～5 mm 的钠石灰，用于吸收混合气体中的二氧化碳，以便准确地测定瓦斯浓度。

2. 光路系统

AQG－1 型瓦斯检定器光路系统如图 3－2 所示。

3. 电路系统

电路系统由电池、灯泡、光源盖、光源电门和微读数电门组成，其功能和作

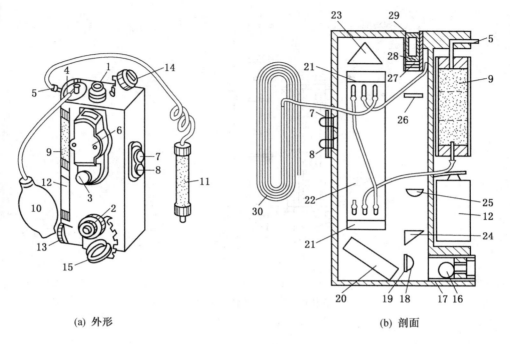

(a) 外形　　　　　　　　　　　　　　　　(b) 剖面

1—目镜；2—主调螺旋；3—微调螺旋；4—吸气管；5—进气管；6—微读数观察孔；7—微读数电门；
8—光源电门；9—水分吸收管；10—吸气橡皮球；11—二氧化碳吸收管；12—干电池；13—光源盖；
14—目镜盖；15—主调螺旋盖；16—灯泡；17—光栅；18—聚光镜；19—光屏；20—平行平面镜；
21—平面玻璃；22—气室；23—反射棱镜；24—折射棱镜；25—物镜；26—测微玻璃；27—分划板；
28—场镜；29—目镜保护玻璃；30—毛细管

图 3-1　AQG-1 型光学瓦斯检定器结构图

用是为光路供给电源。

三、光学瓦斯检定器的工作原理

　　光学瓦斯检定器是根据光干涉原理制成的。由光源发出的光线，经聚光镜到达平面镜，并经其反射与折射形成两束光线，一部分反射，一部分折射，分别通过空气室和瓦斯室，再经折光棱镜折射到反射棱镜，再反射给望远镜系统，由于光程差的结果，在物镜的焦平面上将产生干涉条纹。干涉条纹中央为白纹，两旁为彩纹，眼通过目镜进行观测。

　　由于光的折射率与气体介质的密度有直接关系，如果以空气室和瓦斯室都充入新鲜空气产生的条纹为基准对零，那么，当含有瓦斯的空气充入瓦斯室时，由

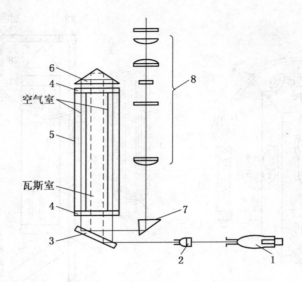

1—光源；2—聚光镜；3—平面镜；4—平行玻璃；5—气室；
6—折光棱镜；7—反射棱镜；8—望远镜系统
图 3-2　AQG-1 型瓦斯检定器光路系统图

于空气室中的新鲜空气与瓦斯室中的含有瓦斯的空气的密度不同，它们的折射率即不同，因而光程也就不同，于是干涉条纹产生位移，从目镜中可以看到干涉条纹移动的距离。由于干涉条纹的位移大小与瓦斯浓度的高低成正比关系，所以，根据干涉条纹的移动距离就可以测知瓦斯的浓度。我们在分划板上读出位移的大小，其数值就是测定的瓦斯浓度。

四、光干涉式瓦斯检测仪的使用方法、步骤

1. 使用前的准备工作

（1）对药品性能进行检查。如果吸收管内装的氯化钙、钠石灰等药品吸收能力降低或失效，将影响测定的准确性。可根据药品的使用时间和变化程度确定是否能继续使用。药品颗粒大小以 3~5 mm 为合适。太小则粉末太多，容易进入气室；太大则药品不能充分发挥吸收力。短的吸收管内的三块隔片就是为了使气体和药品表面充分接触而设置的。

（2）对各部分进行气密性检查。首先检查吸气球是否漏气，用手捏扁吸气球，另一手捏住吸气球的胶管，然后放松吸气球，吸气球 1 min 不胀起，表明吸气球不漏气；其次检查便携式光学瓦斯检测仪是否漏气，将吸气球胶皮管同便携

式光瓦斯检测仪吸气孔连接，堵住进气孔，捏扁吸气球，松手后 1 min 不胀起，表明便携式光学瓦斯检测仪也不漏气；最后检查气路是否畅通：即放开进气孔，捏放吸气球，气球瘪起自如时为好。

（3）检查电路系统和光路系统。电路系统要求接触良好，检查时分别按下光源开关和微读数开关，并由目镜和微读数观测窗观察，如灯泡亮度充分，松手即灭为良好，不得出现忽明忽暗或按下按钮不亮，以及松手后常明等不良现象，特别是电池发热或灯亮很快变红等严重的短路现象，若出现应及时检查电路系统；检查光路系统时，按光源按钮，由目镜观察，并旋转目镜筒，调整到分划板刻度清晰时为止，再看干涉条纹是否清晰，否则应进行调整或更换仪器。

（4）检查干涉条纹是否清晰。把电池装入仪器，按下按钮由目镜观察，旋转保护玻璃座调整视度达到观察数字最清晰，再看干涉条纹是否清晰。如不清晰可初步由调整灯泡的位置来改善。

（5）检查干涉条纹，对仪器进行校正。按下光源按钮，干涉条纹除明亮、清晰外，要有足够的视场，条纹间隔宽度要达到规定值，即将光谱的第一条黑纹（左侧黑纹）对在"0"位，第二条黑纹与分划板上 2% 数值重合，第 5 条条纹与分划板上"7%"数值重合（AGJ-1 型的第 5 条条纹与分划板上"9%"数值重合），表明条纹宽窄适当，可以使用。

（6）检查小数精度。小数精度允许误差为 ±0.02%，检查时测微器读数调到零位，分划板上既定的黑条纹调到"1%"，转动测微手轮，使测微器从"0"转到"1%"，分划板上原对"1%"的黑条纹恰好回到分划板上的零位时表明小数精度合格，如过零或不到零，且超过规定的误差值，应重新进行调整。

2. 测定瓦斯浓度的方法

（1）调零。在待测地点附近的进风巷道中，捏放气球数次，然后检查微读数盘的零位刻度与指标是否重合，选定的黑基线与分划板的零位是否重合。若有移动，则按"对零"操作方法进行调整，使光谱处在零位状态。

（2）测定。将连接在二氧化碳吸收管进气口的胶皮管伸向待测位置，然后捏放气球 5～10 次，将待测气体吸入瓦斯室。

（3）读数。按下光源电门，由目镜中观察黑基线的位置。如其恰与某整数刻度重合，读出该处刻度数值，即为瓦斯浓度；如果黑基线位于两个整数之间，如图 3-3b 所示，则应顺时针转动微调螺旋，使黑基线退到较小的整数位置上，如图 3-3c 所示，然后，从微读数盘上读出小数位，整数与小数相加就是测定出的瓦斯浓度，例如，若从整数位读出的数值为 1，微读数为 0.52，则测定的瓦斯浓度为 1.52%。

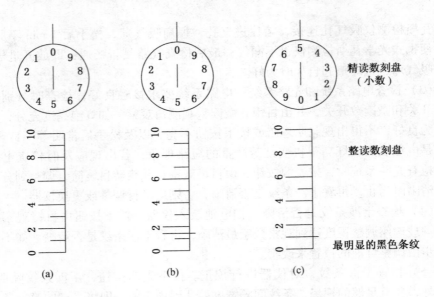

图 3 – 3　光学瓦斯检定器读数方法示意图

3. 测定二氧化碳浓度的方法

用光学瓦斯检定器测定二氧化碳浓度时，要首先测出瓦斯浓度，然后去掉二氧化碳吸收管，再测定出瓦斯和二氧化碳混合气体的浓度，后者减去前者，再乘以 0.955 的校正系数（由于二氧化碳的折射率与瓦斯折射率相差不大，一般测定时，也可以不校正），即为所要测定的二氧化碳浓度。

4. 当温度和气压变化较大时测定结果的修正

光学瓦斯检定器是在 1 个标准大气压（1.01×10^5 Pa）温度 20 ℃的条件下标定刻度的。当被测地点的大气压力超过（$1.01 \times 10^5 \pm 100$）Pa，温度超过（20 ± 2）℃范围时，应当进行修正。修正的方法是将已测得的瓦斯或二氧化碳浓度值乘以校正系数 K'。

$$K' = \frac{101325}{p} \cdot \frac{T}{293} = \frac{345.82T}{p}$$

式中　T——测定地点绝对温度，绝对温度与摄氏温度 t 的关系是 $T = t + 273$；

　　　p——测定地点的大气压力，Pa。

【例题】在井下某一地点用光学瓦斯检定器测定的风流中的瓦斯浓度为 0.86%，同时测得该地点的空气温度为 28 ℃、大气压力为 78805 Pa，求算校正系数为

$$K' = \frac{345.82T}{p} = \frac{345.82(28+273)}{78805} = 1.32$$

该地点真实的瓦斯浓度值为

$$0.86\% \times 1.32 = 1.14\%$$

五、常见故障排除

1. 读数不准确

读数不准确的原因：一是压测微玻璃的弹簧片失灵，使测微玻璃转动时与刻度盘的转动不一致，使读数不真实，这时可把弹簧片用手略向外弯开，增加其弹力，或更换弹簧片来解决；二是测微玻璃座底面上和测微螺杆接触处因磨损而出现凹坑，影响到条纹移动时的均匀性，使读数不准；三是平面镜和折光棱镜的倾角变化，使读数不准。

2. 所测瓦斯读数比实际含量偏高

其原因可能是钠石灰失效或吸收能力降低，把瓦斯和二氧化碳的混合浓度误认为瓦斯浓度（虽药品吸收能力很好，但由于颗粒过大也会引起二氧化碳的不完全吸收）或是由于盘形管已被堵塞。如从含量高转到含量低的地点进行测定而读数偏高，其原因可能是吸气球或吸气球到气室之间漏气，进气管路堵塞或被压。也就是前一地区进入仪器中的气体不能被第二地区气体完全置换。所以每班应检查仪器的进出气系统。

3. 所测瓦斯读数比实际浓度偏低

一是气室上所装盘形管和橡皮堵头以及与空气室连接的各个接头有漏气破裂情况，使空气室中的空气不新鲜，折射率增大，而使气样室和空气室中气体折射率的差降低，故读数也随着降低；二是气样入口、气样出口和吸气球漏气，接头不紧，使吸气能力降低，并在吸气时附近的气体渗入气样室冲淡了要测定的气体，结果读数偏低；三是在准备工作地点校正零位时空气不新鲜，或空气室与气样室之间相互串气。

4. 灯泡不亮或忽明忽暗

应对整个电路进行检查，电线的焊接部位不牢固，灯泡的旋接部分松动或尾部接触点太短，活动接触（电池、开关）部分进污物或生成氧化膜，仪器壳体的接触部分受腐蚀等都会引起导电不良。在检修时，不得擅自更换产品中的电池和灯泡型号、规格、参数等，如需更换，必须与原型号、规格、参数及结构保持一致。

5. 发生零位漂移的原因和预防方法

光学瓦斯检定器发生零位漂移（俗称跑正或跑负），会造成测定结果不准或错误。发生零位漂移的常见原因，一是仪器空气室内空气不新鲜，毛细管失去作用；二是"对零"时的地点与待测地点的温度和压力相差较大；三是瓦斯室气路不畅通。

防止零位漂移的办法如下：

（1）经常用新鲜空气清洗空气室，不要连班使用一个检定器，以免毛细管内空气不新鲜。

（2）仪器对零时，应尽量在与待测地点温度相近、标高相同的附近进风巷内进行，以免因温差、压差过大引起零位漂移。

（3）经常检查检定器的气路，发现不畅通或堵塞要及时修理。

六、使用和保养光学瓦斯检定器应注意的安全事项

（1）携带和使用时，防止和其他硬物碰撞，以免损坏仪器内部零件和光学镜片。

（2）光干涉条纹不清晰，往往是由于空气湿度过大，光学玻璃上有雾粒或灰尘附在上面以致光学系统出现故障。如果调整光源灯泡后不能达到目的，就要由修理人员拆开进行擦拭，或调整光路系统。

（3）测定时，如果空气中含有一氧化碳、硫化氢等其他气体时，因为没有这些气体的吸收剂，将使瓦斯测定结果偏离。为消除这一影响，应再加一个辅助吸收管，管内装有颗粒活性炭可消除硫化氢影响，装有 40% 氧化铜和 60% 二氧化锰的混合物，可消除一氧化碳的影响。

（4）在火区、密闭区等严重缺氧地点，由于气体成分变化大，用光学瓦斯检定器测定瓦斯时，测定结果会比实际浓度偏大很多（试验可知，氧气浓度每降低 1%，瓦斯浓度测定结果约偏大 0.2%）。这时，必须采取试样，用化学分析的方法而不准使用光学瓦斯检定器测定瓦斯浓度。

（5）检查药品时，如药品失效会发现药品的颗粒变小成粉或胶结在一起，此时应及时更换，否则可能使测定甲烷数值偏高，有时甚至阻塞进气管路。

（6）高原地区的空气密度小、气压低，使用时应对仪器进行相应调整，或根据当地实测的空气温度和大气压力计算校正系数，对测定结果进行校正。

（7）气密检查。如果发现漏气应想办法找出漏气的部位，及时更换吸管或吸球。

（8）检查光路如发现无光，应打开光源盖检查灯泡，及时更换。如灯泡正常则应更换电池。当发现灯光暗红时应及时更换电池。

（9）当发现干涉条纹无法归零，或干涉条纹和分划板的刻线不平行，不要

摔打，应找专职校对人员调校。

（10）仪器不用时，要放在干燥的地方并取出电池，以防腐蚀仪器。

第二节　便携式瓦斯检测报警仪

便携式甲烷检测仪是一种携带式可连续自动测定（或点测）环境中瓦斯浓度的全电子仪器，具有操作方便、读取直观、工作可靠、体积小、质量轻、维修方便等特点。

一、便携式瓦斯检测报警仪的种类

便携式瓦斯检测报警仪种类很多，目前尚无明确分类方法，习惯上是按检测原理进行总体分类的，主要分为热催化式、热导式及半导体气敏元件三大类。

便携式瓦斯检测仪的测量范围一般在 $0 \sim 4.0\%$ CH_4 或 $0 \sim 5.0\%$ CH_4，用于低浓度瓦斯的测定。热导式甲烷检测仪，元件寿命长，不存在催化剂中毒等现象，其测量范围为 $0 \sim 100\%$。

二、便携式瓦斯检测报警仪的构造和工作原理

1. 热催化（热效）式瓦斯检测报警仪的构造和原理

热催化（热效）式瓦斯检测报警仪是由传感器、电源、放大电路、警报电路、显示电路等部分构成的，其中传感器（元件）是仪器的主要部分，它直接与环境中的瓦斯接触、反应，把瓦斯的浓度值变成电量，由放大电路放大后送给显示和警报电路。

热催化式元件是用铂丝按一定的几何参数绕制成螺旋圈，外部涂以氧化铝浆并经煅烧而成的一定形状的耐温多孔载体。其表面浸渍有一层铂、钯催化剂。因为这种检测元件表面呈黑色，所以又称黑元件。除黑元件外，在仪器的瓦斯检测室中，还有一个与检测元件构造相同，但表面没有涂催化剂的补偿元件（称白元件）。黑白两个元件分别接在一个电桥的两个相邻桥臂上，而电桥的另外两个桥臂分别接入适当的电阻，它们共同组成的测量电桥如图 3-4 所示。

当一定的工作电流通过检测元件（黑元件）时，其表面即被加热到一定的温度，而这时当含有瓦斯的空气接触到检测元件表面时，便被催化燃烧，燃烧放出的热量又反过来进一步使元件的温度升高，使铂丝的电阻值明显增加，于是电桥就失去平衡，输出一定的电压。在瓦斯浓度低于4%的情况下，电桥输出的电压与瓦斯浓度基本上呈直线关系，因此可以根据测量电桥输出电压的大小测算出

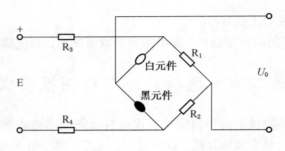

图 3 - 4　热催化式瓦斯传感器电原理图

瓦斯浓度的数值；当瓦斯浓度超过 4% 时，输出电压就不再与瓦斯浓度成正比关系。所以按这种原理做成的瓦斯检定器只能测低浓度瓦斯。

2. 热导式瓦斯检测报警仪的构造和原理

热导式瓦斯检测报警仪与热催化式瓦斯检测报警仪的构造基本相同，也是由传感器、电源、放大电路、显示及报警电路组成，区别在于两种仪器传感器的构造和原理不同。

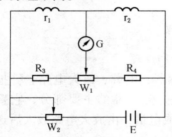

图 3 - 5　热导式传感器工作原理图

热导式传感器是根据矿井空气的导热系数随瓦斯含量的不同而不同这一特性，通过测量这个变化来达到测量瓦斯含量的目的。通常仪器是通过某种热敏元件将因混合气体中待测成分的含量变化所引起的导热系数的变化转变成为电阻值的变化，再通过平衡电桥来测定这一变化的。工作原理图如图 3 - 5 所示。

图中 r_1 和 r_2 为两热敏元件，分别置于同一室的两个小孔腔中，它们和电阻 R_3、R_4 共同构成电桥的 4 个臂。放置 r_1 的小孔腔与大气连通，称为工作室，放置 r_2 的小孔腔充入清净空气后密封，称为比较室，工作室和比较室在尺寸、形状结构上完全相同。

在无瓦斯的情况下，由于 2 个小孔腔中各种条件皆同，2 个热敏元件的散热状态也相同，电桥就处于平衡状态，电表 G 上无电流通过，其指示为零；当含有瓦斯的气体进入气室与 r_1 接触后，由于瓦斯比空气的导热系数大，散热好，故将使其温度下降，电阻值减小，而被密封在比较室内的 r_2 阻值不变，于是电桥失去平衡，电表 G 中便有电流通过。瓦斯含量越高，电桥就越不平衡，输出的电流就越大，根据电流的大小，便可得出矿井空气中瓦斯的含量值。利用这种原理制成的检定器，一般常用于检定高浓度瓦斯。

3. 气敏式瓦斯检测报警仪的构造和原理

气敏电阻是一种半导体电阻元件，当温度不变时，其电阻值随气体的成分及其浓度而变化，变化范围为 $10^3 \sim 10^5\ \Omega$。

气敏电阻随瓦斯浓度而变化的特性，可以用来作为头灯式瓦斯警报器的传感元件。

图 3-6 所示为气敏式瓦斯检测报警仪电路图，图中 BG1、BG2 组成射极耦合触发器（称为施密特电路）。它有两个稳定状态：BG1 截止、BG2 导通或 BG1 导通、BG2 截止。当把气敏电阻接入 BG1 基极回路中时，瓦斯接触气敏电阻后，其电阻减小，使 BG1 基极电流增加。当瓦斯浓度达到警报浓度时，射极耦合触发器翻转：由 BG2 导通（BG1 截止）状态变为 BG1 导通（BG2 截止）状态。

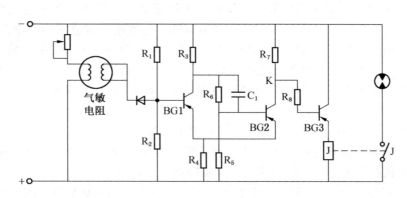

图 3-6　气敏式瓦斯检测报警仪电路图

三、JCB4（B）型便携式甲烷检测仪的使用方法、步骤

1. JCB4（B）型便携式甲烷检测仪的组成

JCB4（B）型便携式甲烷检测仪主要由外壳、机芯、催化元件、红色发光管、蜂鸣器及其开关、面板、电池组等 8 个部分组成。

外壳是由 ABS 高强度全塑结构组成，前面同时配用高密封性能的按键式电子薄膜开关和面板，外壳的后面有一块铭牌，上面的制造厂名、仪器名称、型号、出厂时间、编号、防爆标志和安全标志等齐全，清晰。打开仪器的后盖是整个 JCB4（B）的机芯部分，它从上面有催化元件、红色发光管、蜂鸣器、开关和电池组等。

（1）催化元件（探头）：它的工作电压为 2.8 V，工作电流为 90 mA，不工作时的冷阻值为 13 ~ 14 Ω。它是由直径只有 0.2 mm 的金属铂丝绕在催化剂金属钯上组成，然后再用铜质粒状粉末烧结成多孔隙结构的隔爆罩罩住，起通气和隔爆作用。它的工作原理主要是标准气体物质甲烷在黑元件表面发生无焰燃烧即氧化反应，使黑元件表面温度升高，电阻增大，桥路失衡从而输出一个电位差。这个电位差经 A/D 转换器转换成数字信号送单片机进行数字处理，送驱动电路显示被测气体的甲烷浓度，当甲烷浓度达到或超过报警值时单片机立即输出控制信号，经报警电路控制报警器发出红色闪光，声报警器发出警车声（蜂鸣器是一个声报警器）。

（2）开关。主要用于仪器的开机、关机、功能转换和制式的转换，所以它必须功能齐全，有手感有弹性。

（3）电池组。是采用三节大容量的"无记忆效应"的环保镍氢电池串联组成，每节为 1.2 V 额定电压，容量为 2100 mAh，电池组充电应使用专用充电器，充电器适用于 220 V 交流电源，通电后充电器的绿色电源指示灯应亮。将仪器插入充电器的充电插座，红色充电指示灯应亮，充电电流为（200 ± 5）mA。充电器采用恒流充电，充足 12 h 后，充电器则变成 20 mA 左右，对仪器补充，不会造成过充电。

2. JCB4（B）型便携式甲烷检测仪的使用方法

（1）充电时应根据镍氢电池充电要求：充电房温度为（20 ± 5）℃，必须在干燥通风状态下充电；避免与腐蚀性物质接触，远离 H_2S 等。

（2）仪器在这样的环境下充电 10 ~ 12 h。通常达到 4.0 V 以上时认为已充满。仪器充满电后，将其插入带电的充电器上解锁，解锁后的仪器末位小数点闪动提示仪器已经解锁，可以进行微调。

（3）甲烷零点的检查和调整。在新鲜空气中开机 15 min，待显示值稳定后看显示值是否为 0.00，否则应进行零点调整，调整时只有经过专门培训的专职人员方可对检测仪进行调试。严禁在使用过程中启动调试程序。

3. 甲烷的调试

（1）零点的检查和调整。在新鲜空气中，仪器开机后放入带电的充电器上插一下进行解锁，开机 10 min，待显示值稳定后，观察显示值是否为 0.00，否则应进行零点调整。进行零点调整时，应先按读数确认键弹出 P1，表示检测仪已进入调零状态，再按一下读数确认键，则仪器的调零已经结束。

（2）精度的检查和调整。只有经过零点调整后的检测仪方可进行精度的检查和调整。依据 2008 年 2 月 21 日实施的《催化燃烧式甲烷测定器检定规程》

（JJG 678—2007）中第三项计量性能要求中的第"3.4"条规定：仪器的漂移即用仪器的零点漂移及量程漂移检验，仪器的零点漂移用五次的零点测量值之间的最大偏差表示。在正常工作条件下，分别不应超过 ±0.1% 甲烷及 ±0.2% 甲烷，所以例如有的仪器零点显示"±0.01"～"±0.09"即为正常。

将校正气嘴插入检测仪的校正气口，通入浓度为 1.00% 左右的 CH_4 标准气样，控制流量在 200 mL/min，待显示值稳定后，观察显示值是否为标准气样值，否则应进行精度调整。进行精度调整时，应先按读数确认键弹出 P1，再按换挡键弹出 P2，再按一下读数确认键，再重复按换挡键或返回键使显示值为标准气样值即可。对于 0.00CH$_4$～4.00% CH_4 范围内，当甲烷浓度保持稳定时，报警仪显示值的变化量应不超过 0.03% CH_4。1 min 后将报警仪显示值调至标准气样值一致，继续通气，再观察 1 min，记录 1 min 内报警仪显示值的最大值与最小值的差值，重复测定 3 次，取最大值应不超过 0.03% CH_4。

4. 时钟的调试

准备好一个经标定过的标准时钟。开机后首先将仪器插入带电的充电器进行解锁，再按标校键弹出 P1，再按开关键弹出 P4，再按标校键，进入时钟状态，观察显示值是否与标准时钟一致，重复按开关键可使小时数或分钟数递加，重复按电压键可使小时数或分钟数递减，进行上述操作，使显示值为标准时钟值，然后按标校键确认并退出时钟调整状态，返回时钟显示状态，时钟调整结束。

5. 报警点的调试

显示 P1.00（出厂设置值），若用户要求更改，可进行调整。

调整时，先按标校键弹出 P1，再按开关键弹出 P3，再按标校键确认，重复按开关键或电压键使仪器的显示值为用户要求值，最后再按标校键确认并退出报警点调整状态，返回报警点状态，调整结束。

6. 常见故障及其原因分析

（1）显示 0.00 但通入标准气体时无反应。用数字万用表拨到"V"挡的20 V 上，测量元件两端的电压为 2.8 V 且分支电压为 1.40 V 左右，仪器一切正常，但通气时无反应，主要是催化元件断丝所致。这时如果关掉仪器并把万用表拨到欧姆挡测量一下它的阻值，结果发现它只有一边阻值为 13～14 Ω 而另一边显示无穷大，此时只要重新更换一个元件即可。

（2）充满电后仪器无法开机。打开仪器后盖，将万用表拨到"V"挡的"20 V"挡位上测量一下电池是否有电，若电池组有电而仪器打不开主要原因为薄膜开关损坏；打开仪器后盖，将万用表拨到"V"挡的"20 V"挡位上，测量一下电池是否有电，如果电池组电压太低，说明电池组损坏，必须重新更换电池组后，放电至自动关机后重新充电即可打开。

（3）充满电后不显示但报警。打开仪器后盖，将万用表拨到"V"挡的"20 V"挡位上测量一下电池是否有电，若电池组有电且仪器各部位电压均正常，经查是频率部分的晶振不工作，无法让显示部分正常显示，更换晶振即可。

（4）按仪器功能键无反应。主要是焊接时没有卸下电池组的一根引线而导致通电状态下短路或者是仪器掉进水中，开关背面胶失效导致弹性不好所致，所以更换开关时必须焊下电池组的一根引线，然后更换开关即可。

（5）声音小或嘶哑。蜂鸣器损坏，重新更换新的即可。

（6）缺笔画。数码管缺笔画必须用专用工具重新更换即可。

四、便携式甲烷检测仪使用的安全注意事项

（1）要保护好仪器，在携带和使用中避免经受猛烈撞击和挤压，严禁摔打、碰撞；应防止水滴溅入，严禁被水浇淋或浸泡。

（2）检测仪充电房应通风良好，并远离矿灯充电房和 H_2S 等有害气体源。

（3）当使用中发现电压不足时，仪器应立即停止使用，否则将影响仪器正常工作，并缩短电池使用寿命。

（4）当环境中瓦斯浓度和 H_2S 含量超过规定值后，仪器应停止使用，以免损坏元件。

（5）检查过程中还应注意顶板支护及两帮情况，防止伤人事故的发生。

（6）当瓦斯浓度或氧气浓度超过规定限度应迅速退出并及时处理或汇报。

（7）当闻到有其他特殊的气味时也要迅速退出，注意自身安全。

五、便携式甲烷检测仪的日常维护

（1）要爱护仪器，经常保持仪器的清洁。

（2）及时进行校验，以保持其精度。

（3）应在通风干燥处保存。

（4）当发现电池无电应及时充电，以防损坏电池。

第三节　瓦斯、氧气两用检测仪

一、瓦斯、氧气两用检测仪

（1）瓦斯、氧气两用检测仪是一种集监测瓦斯浓度、氧气含量两种功能于一体的便携式报警仪器，可同时连续测量环境中瓦斯浓度和氧气含量，并可任意显示一种气体的检测值。当任一气体超限时，仪器便发出声、光报警信号，并显示超限气体浓度。瓦斯、氧气两用检测仪具有操作方便，读数准确，工作稳定，一机多用等特点。适合于煤矿有瓦斯危害的采掘工作面、回风巷等地点进行瓦斯、氧气检查。在井下启封密闭、排放瓦斯、停风后恢复通风过程中使用。其结构与便携式瓦斯检测仪相似。

（2）瓦斯、氧气两用检测仪的测量范围一般为：氧（0～25%）、瓦斯（0～4%）、报警点为氧（18.0%）、瓦斯（1%）。

（3）使用瓦斯、氧气两用检测仪测定瓦斯和氧气浓度应注意的事项。

每次使用之前，都必须先充电，以保证仪器可靠地工作。使用时首先要在新鲜空气中打开电源，稳定一段时间后，看瓦斯指示是否为0.00%（±0.02）。氧气指示是否为20.8%（±0.1），两者皆稳定后方可进入现场测量。

因为开机后，瓦斯、氧气传感器都在工作，所以仪器同时检测着两种气体的变化。仪器可由人随身携带，时刻监测人员周围的气体变化，也可悬挂在固定地点或举至某一待测点进行定点检测。携带仪器进入无风区时，要缓慢行进，并时刻观察氧气和瓦斯浓度的变化情况，要在气体浓度达到危险界限前，及时退出，以免发生危险。

二、JY2001 型瓦斯、氧气两用检测仪

1. JY2001 型瓦斯、氧气两用检测仪的构造和工作原理

（1）瓦斯部分。检测仪采用热催化型高性能传感器组成惠斯顿电桥，测量臂由载体催化元件（俗称黑元件）和纯载体元件（俗称白元件）组成，辅助臂由金属膜电阻和电位组成，稳压电路为电桥提供稳定的电压，在新鲜空气中，桥路处于平衡状态，在检测气体中，瓦斯在黑元件表面发生催化氧化反应（无焰燃烧），使黑元件温度升高，电阻增大，桥路失去平衡，从而输出一个电位差（在一定范围内，其大小与瓦斯的浓度成正比）。此电位差一路经控制电路控制，由 A/D 转换器转换成数字信号，驱动发光数码管直接显示出被测气体的瓦斯浓度，另一路经 CH_4 超限鉴别电路鉴别，当瓦斯浓度达到或超过报警值时，立即控制光报警器（瓦斯）和声报警，发出红色闪光和警车声。

（2）氧气部分。检测仪采用长寿命的氧气传感器（简称氧探头），在被测气体中，氧分子透过隔膜到达阴极，在外加极化电压作用下发生化学反应，产生一个极化扩散电流，此电流正比于气体中的氧气浓度。此电流经 O_2 检测电路放大处理后，一路经控制电路控制，由 A/D 转换器转换成数字信号，驱动发光数码

管直接显示出气体的氧气浓度,另一路经 O_2 超限鉴别电路,当氧气浓度达到或超过报警值时,立即控制光报警器(氧气)和声报警器,发出红色闪光和警车声。电源工作电压经工作电压检测电路检测后,经控制电路控制,通过 A/D 转换器,由发光数码管显示出来。当电源工作电压 ≤2.30 V 时,经欠压鉴别电路鉴别,控制光报警器(欠压)发出绿色闪光。当电源工作电压 ≤2.25 V 时,经过欠压鉴别电路鉴别,控制电子开关关机。

2. JY2001 型瓦斯、氧气两用检测仪的使用方法、步骤

(1)按"开"键开机,若绿色欠压报警灯闪亮,或按"开"键不能开机,说明检测仪电池电量已不足,应予充电。

(2)检测仪充电应使用专用充电器,检测仪充电时应处于关机状态。

(3)检测仪使用前,应由经过专门培训的专职人员按下列步骤进行检查和调整。

零点的检查和调整:瓦斯的零点检查和调整,在新鲜空气中,开机 10～20 min 后,观察示值是否在 0.00～0.02 范围内,否则应打开密封盖,调节上面的瓦斯零点电位器,使示值为 0.00,注意调节时示值末位后出现"小数点",表示示值是个负值,调零应使此点隐没;氧气的零点检查和调整,将检测仪的通气螺钉(氧气)卸下,拧上校准气嘴,通入纯氧气,控制流量在 200 mL/min,按选择键,待检测仪读数稳定后,观察示值是否在 0.0～0.3 范围内,否则应打开密封盖,调整下面的氧气调零电位器,使示值为 0.0。

精度的检查和调整:瓦斯精度的检查和调整,将检测仪的通气螺钉(瓦斯)卸下,拧上校准气嘴,通入浓度为 2% 左右的 CH_4 标准气样,控制量在 200 mL/min,待检测仪读数稳定后,观察示值是否在标准气样值 ± 真值的 5% 范围内,否则应调节上面的瓦斯校准电位器,使示值为标准气样值;氧气的精度检查和调整,在新鲜空气中,按选择键,观察氧气示值是否在 20.8±0.1 范围内,否则应调节下面的氧气校准电位器,使示值为 20.8。

报警点的检查和调整:瓦斯报警点的检查和调整,调节上面的瓦斯调零电位器,使示值升至报警点设定值,观察检测仪是否报警,否则应反复调节上面的瓦斯报警点电位器,使检测仪处于报警状态;氧气报警点的检查和调整:按选择键,调节下面的氧气校准电位器,使示值降至报警点设定值,观察检测仪是否报警,否则应反复调节下面的氧气报警点电位器,使检测仪处于报警状态。

3. JY2001 型瓦斯、氧气两用检测仪常见故障分析

(1)开机无显示。开关面板故障,电池引线断,电池电压严重不足。

(2)开机后很快自动关机,或绿色欠压报警灯闪亮。电池工作电压不足,

充电引线断。

（3）开机后示值异常。瓦斯探头引线断，瓦斯探头损坏。

（4）开机后，按选择键氧气示值异常。氧气探头引线断，氧气探头损坏。

（5）超限不报警。蜂鸣器引线断，红色报警灯引线断。

（6）精度调不到标准气样值。隔爆罩或隔尘罩积尘严重，瓦斯和氧气探头老化。

4. JY2001 型瓦斯、氧气两用检测仪维修、使用安全注意事项

（1）检测仪长期使用，应定期进行上述三项检查和调整工作，一般每半个月进行一次。

（2）氧气探头受大气压力的影响，实际测量时要消除因井深不同带来的误差，可采用以下两种方法：

校正系数法：$\qquad A = B20.8 \div (20.8 + KH)$

式中　20.8——地面校对仪器时，空气中的氧含量百分比；

H——测氧处井深度，hm；

B——测氧处仪器读数，%；

K——每百米井深修正系数，0.25%/hm；

A——测氧处实际含氧量，%。

利用矿井内新鲜空气校准：此法简便易行，只需在井下找到新鲜空气处校准仪器，在校准的同一水平到处可测，直接显示实际氧气浓度，不需再换算，是消除井深影响行之有效的方法。

（3）检测仪使用时应防止水滴溅入，避免经受猛烈撞击和挤压。

（4）检测仪充电房应通风良好，并远离矿灯充电房和硫化氢等有害气体源。

三、CJY4/30 型甲烷、氧气两用报警仪

1. CJY4/30 型甲烷、氧气两用报警仪的组成和工作原理

CJY4/30 型甲烷、氧气两用报警仪是由外壳、机芯、催化元件、氧元件、红色发光管、蜂鸣器及其开关、面板、电池组等 9 个部分组成。外壳是由 ABS 高强度全塑结构组成，前面同时配用高密封性能的按键式电子薄膜开关和面板，外壳的后面有一块铜标牌，上面有制造厂名、仪器名称、型号、出厂时间、编号、防爆标志和安全标志等。仪器的结构性能符合《爆炸性环境　第 1 部分：设备通用要求》（GB 3836.1—2010）所规定的防爆要求。

（1）催化元件的工作电压为 2.8 V，工作电流为 90 mA，冷阻值为 13 ~ 14 Ω。它是由直径只有 0.2 mm 的金属铂丝绕在催化剂钯上组成，外面用铜质粉

状颗粒烧结成多孔隙的隔爆罩罩住，起通气和隔爆作用。它的工作原理是让甲烷标准气体在黑元件表面发生催化氧化反应，使黑元件表面温度升高，电阻增大，桥路失衡而输出一个电位差，这个电位差经 A/D 转换器转换成数字信号送单片机进行数字处理，处理的数字信号送驱动电路，驱动数码管显示被测气体的甲烷浓度，当甲烷浓度达到或超过报警值时，单片机立即输出控制信号。经报警电路控制声报警器即蜂鸣器发出警报声。

（2）氧气传感器包括具有催化活性的贵重金属阴极，易极化的活泼金属阳极，酸、碱、盐的水溶液。它的工作原理为当氧气在传感器内部被电解而导致传感器内部导电离子浓度发生变化，通常测量流过两电极的电解电流可以感知环境氧气浓度的变化，在一定范围内电解电流与氧气浓度成正比，将输出的电位差经 A/D 转换器转换成数字信号送单片机进行数字处理，经处理的数字信号送驱动电路，驱动数码管显示被测气体的氧气浓度，当氧气浓度达到或小于报警值时，单片机立即输出控制信号，经报警电路控制声报警器发出警车声。

（3）电池组是由三节额定电压为 1.2 A·h 的"无记忆效应"环保镍氢电池串联组成，其容量为 1600 A·h。

2. CJY4/30 型甲烷、氧气两用报警仪的日常使用

（1）充电。仪器充电应使用专用充电器 CJY4/30 - DG（单个或 CJY4/30 - Z5（5 个组合）充电电流为（200 ± 10）mA，充电时间一般不少于 12 h，但仪器充电必须符合电池相关国家标准，要保证充电房的温度在（20 ± 5）℃，在通风干燥状态下，禁止与腐蚀的气体接触，如 H_2S 等气体。仪器充满电后充电器将以 20 mA 的恒流电流对仪器进行补充，不会导致过充，充满电后通常仪器达到 4.0 V 以上时认为已充满。

（2）调零及校准。零点的检查和调整：在新鲜空气中，开机 15 min，待显示值稳定后，观察显示值是否为 0.00，否则应进行零点调整。进行零点调整时应先按 A 键，1 s 之内再按 D 键，此时末位的小数点亮，表示检测仪已进入调零（第 1）状态。重复按 B 键可使显示值递加，重复按 C 键可使显示值递减，进行上述操作，使显示值为 0.00，然后按 D 键确认并退出调零状态，零点调整结束。在正常工作条件下，分别不应超过 ±0.1% 甲烷及 ±0.2% 甲烷，所以有的仪器零点显示"±0.01"～"±0.09"即为正常。

精度的调整及校准：将校正气嘴插入检测仪的校正气口，通入浓度为 1.00% 左右的甲烷标准气体，控制流量为 200 mL/min，待显示值稳定后，观察显示值是否为标准气样值，否则应进行精度调整。对于 $0.00CH_4$ ～ $4.00\% CH_4$ 范围内，当甲烷浓度保持稳定时，报警仪显示值的变化量应不超过 $0.03\% CH_4$。

《便携式载体催化甲烷检测报警仪行业标准》（AQ 6207—2007）第四项的 4.7 条（显示值的稳定性）规定，通入 1.00% CH_4 的标准气样，1 min 后将报警仪显示值调至与标准气样值一致，继续通气，再观察 1 min，记录 1 min 内报警仪显示值的最大值与最小值的差值，重复测定 3 次，取最大值应不超过 0.03% CH_4。进行精度调整时，应先按 A 键，1 s 之内再按 D 键，此时末位小数点亮，表示检测仪已进入第 1 状态，重复上述操作，此时首位的小数点亮，表示检测仪已进入精度调整状态，重复按 B 键可使显示值递加，重复按 C 键可使显示值递减，按 A 键可改变递加递减的速度，进行上述操作，使显示为标准气样值，然后按 D 键确认并退出精度调整状态，然后再通入 0.5% CH_4 和 3.0% CH_4，其基本误差应满足要求。

3. 常见故障及其解决方法

（1）仪器不充电。原因：充电螺钉松动，或其中一根充电引线断或充电二极管反向击穿；解决方法：用尖嘴钳子把充电螺钉拧紧或重新焊接充电引线或者重新更换充电二极管 5818 和三极管 8050 和 589。

（2）仪器不开机。原因：仪器充满电后，将数字万用表拨到"V"挡的"20 V"挡位上测量电池组的电压为一点几伏则说明电池组坏，需重新更换一个新的电池组，更换新电池组后，仪器就能正常开机，应放电至自动关机状态，这样电池组的使用寿命就得以延长。

（3）仪器不能够软调节。薄膜开关无弹性或者仪器进水而导致开关背面的强力胶失效。

（4）开机后示值异常。仪器显示 − 0.00，校气无反应，将数字万用表拨到"V"挡的"20 V"挡位上测量元件两端电压应为 2.8 V，关机后把数字万用表拨到欧姆挡上测量元件两端的阻值为 13 ~ 14 Ω，测得一边有 13 ~ 14 Ω 的阻值而另一边显示无穷大，就表示催化元件断丝，重新更换新的元件即可；仪器显示 0.00 或 4.00，但是通气无显示，将数字万用表拨到"V"挡的"20 V"挡位上测量元件两端电压是 2.8 V，而运放 2731 无信号输出，检查原因是运放 2731 两端输入不平衡，从而导致它无信号输出，两端输入不平衡是电阻开路所致，故只要更换电阻即可。

（5）仪器精度调不到。元件积尘太多，元件老化，须重新更换。

（6）仪器开机报警。首先判定是甲烷报警还是氧气报警，一般应该是氧气报警，一种情况是氧元件连接线断了，或者是氧元件的接插件松动。只要重新连线或者把氧元件插好就可以。另一种情况是氧元件电量低，导致电解液减少而报警，这只要更换一个新氧元件即可。

（7）仪器不报警。蜂鸣器坏，或者三极管 8050 坏，重新更换即可。

（8）数码管示数不全。数码管坏，用专用工具焊下数码管，换上新的即可。

（9）氧元件校验无反应。氧气部分的信号由运放 2731 的 1 脚输出一般为 2.0 V 左右，如果没有信号输出到单片机上，氧气就会报警。解决方法：用数字万用表测量 U3 是否有 2.8 V 电压输出，再经过 Q4 稳压，这样氧气就有信号输出了。

第四节　一氧化碳检测仪

煤矿发生火灾或瓦斯、煤尘爆炸事故时，都会产生大量的一氧化碳，而一氧化碳是一种无色、无味、有剧毒的气体，对人身危害极大，因此，及时检测矿井大气中的一氧化碳，是保证矿工人身安全的一种重要手段，同时也是早期预防井下火灾的有效办法。现行检测一氧化碳的手段主要有利用束管检测系统；采用一氧化碳检定器或传感器报警仪来测定；利用抽气唧筒取气样，进行色谱分析或用一氧化碳检定管来测定一氧化碳的浓度。

一、一氧化碳检测仪的种类

检测矿井一氧化碳浓度的仪器很多，按原理分为电化学、红外线吸收、气敏半导体型等，按安装方式可分为便携式和固定式，就我国目前使用情况来看，以电化学便携式居多。

二、一氧化碳检定管

在测定一氧化碳浓度时，需用的仪器仪表有：抽气唧筒、秒表和气体检定管。下面以比长式一氧化碳检定管为例，说明其测定原理、仪器构造和测定方法。

1. 一氧化碳检定管结构

比长式一氧化碳检定管是一个装有化学指示剂、两端封口的玻璃管，如图 3－7 所示。

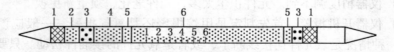

1—堵塞物；2—活性炭；3—硅胶；4—消除剂；5—玻璃粉；6—指示剂

图 3－7　比长式一氧化碳检定管

2. 一氧化碳检定管的工作原理

比长式一氧化碳检定管的测定原理是：利用吸附五氧化二碘（I_2O_5）和发烟硫酸的硅胶作指示剂，置于玻璃管中，当含有一氧化碳的气体通过检定管时，检定管中的指示剂与一氧化碳相接触并起化学反应，一氧化碳将五氧化二碘还原，产生一个棕色圈（游离碘），棕色圈的长度与通过检定管的气体中的一氧化碳浓度成正比。因此，根据棕色圈的长度就可指示一氧化碳的浓度，并从检定管的刻度上直接读值。检定管的测定范围为 0.001% ~ 0.1%。

为了消除乙炔、硫化氢、二氧化硫等气体的干扰，在检定管的前端（有黑色物质的一端）装有活性炭（消除 H_2S 和 SO_2）、硫酸银（消除乙炔）等消除剂。

3. 抽气唧筒

抽气唧筒是由铝合金管及气密性良好的活塞部件组成，如图 3-8 所示。抽取一次气样为 50 mL，在活塞杆上有十等分刻度，表明抽入气体试样的体积。三通阀阀把有三个位置：阀把平放时，是抽取气体试样；当阀把拨向垂直位置时，推动活塞把试样通过检定管插孔 2 压出；当阀把拨在 45°位置时，是关闭状态，此时可把气体试样带到安全地带进行测定。

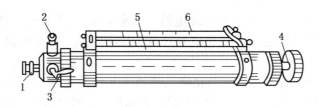

1—气体入口；2—检定管插孔；3—三通阀阀把；4—活塞杆；5—比色板；6—温度计

图 3-8　抽气唧筒

4. 测定方法

（1）采取空气试样。用抽气唧筒，在测定地点先将活塞往复抽送 2~3 次，使唧筒内原来存在的空气完全被待测气体所置换。

（2）检查唧筒内气体浓度。把检定管两端的玻璃管封口打开，将有黑色物质的一端插入抽气唧筒的插孔，然后将唧筒中 50 mL 气样用 100 s 时间均匀地送入检定管，气体中含有的一氧化碳与指示剂起反应，产生一个变色圈，这时按变色圈指示的长度，在检定管上的刻度直接读出一氧化碳浓度。检定管上的数字 1 即代表 0.01%，2 代表 0.02%，以此类推。玻璃管上的一大格又分五小格，每一小格即为 0.002% 。

5. 测定时注意事项

（1）检定管打开后，必须立即使用，以免影响测定效果。

（2）检定管应储存在阴凉处，不要碰坏管及两端封口，否则，不能使用。

（3）这种检定管只能测定 0.1% 以下的一氧化碳浓度，如果需要测定浓度超过 0.1% 的气样时，首先应考虑测定人员的防毒措施，然后再进行测定。

当井下被测巷道中一氧化碳浓度较高时，在实测前，首先准备一个胶皮囊，其中装以新鲜空气，在测定时用唧筒先抽取巷道中的一部分气体以后，再从气囊中抽取一部分新鲜空气使之冲淡。空气中所含一氧化碳的实际浓度，即为测定时读数乘以冲淡的倍数。

对于浓度低于 0.001% 的微量一氧化碳，在测定时可将气体试样送入的时间增大 2~10 倍，再观察其结果，若送气时间增大 10 倍，得出结果为 0.002% ，而实际浓度为 0.0002% 。或增加送气次数，然后将所得浓度数值被送气次数除，同样可得微量一氧化碳的真实浓度值。

三、GTB1000 型一氧化碳检测仪

1. 仪器的组成和工作原理

（1）仪器的组成。仪器由电源电路、一氧化碳气体敏感元件及测量电路、放大电路、A/D 转换电路、智能信号处理、显示电路、报警电路、充电控制电路等构成。

（2）仪器的工作原理。一氧化碳气体敏感元件是采用电化学式三电极定电位工作原理，当通电工作时，空气中的一氧化碳在敏感元件的工作极上被氧化成二氧化碳，从而在敏感元件的工作极和对极之间形成电流，一氧化碳浓度越高，形成的电流就越大。此电流信号经 I/V 转换、电压放大和 A/V 转换后，变成数字信号，进入单片机进行处理。经智能处理后，由显示电路显示一氧化碳浓度值。报警电路由蜂鸣器、发光二极管构成。充电控制电路用于控制仪器的充电，以保护电池。

2. 仪器的显示、报警和充电

（1）仪器的显示。仪器刚开机后的 5 s 内，依次显示单片机软件的版本信息和报警点，5 s 后进入正常工作状态，显示一氧化碳浓度。当仪器显示一氧化碳浓度时，按下电源开关，仪器显示电池剩余电压，5 s 后再返回显示一氧化碳浓度。显示电池剩余电压的格式为 E××，充满电时，显示 E99；放光电时显示 E00。

（2）仪器的报警。仪器刚开机时，有声、光报警，用于检验报警功能是否正常。当一氧化碳浓度超限时，仪器有声、光报警。当仪器欠压自动关机前，有短促的 9 次声光报警信号。

（3）仪器的充电。原则上仪器可以随时充电，随时使用，而不会损坏电池。仪器进行充电时，充电器的指示灯常亮，仪器的报警灯每秒钟闪亮一次；当仪器充满电时，充电器的指示灯间断闪亮。

3. GTB1000 型一氧化碳检测仪的使用方法、步骤

（1）准备。仪器的工作电压检查，为了保持仪器工作可靠，在每次使用之前必须进行电压检查，即接通仪器电源 5 min 后，如果没有负压报警，说明仪器电源充足可以使用；否则需要更换 9 V 叠层电池。还要检查仪器的指示值是否稳定，如果发现不稳定，需等仪器稳定后再进行使用。电零点检查，在清洁空气中接通电源后，仪器显示应为 000，如果发现超过 $0.5 \times 10^{-5}\%$；需要调整电位器，使其为零。

（2）开机。按下仪器电源开关，仪器依次显示单片机软件的版本信息和报警点，开机 5 s 后进入检测状态。

（3）使用。上述检查完毕后，仪器即可进行工作，以监测人员所在位置的一氧化碳浓度。若要检测某一点一氧化碳浓度时，可将仪器举到待测地点；指示值稳定后所显示的数值即是该点的一氧化碳气体浓度。

（4）关机。仪器在检测状态时，按两下电源开关或按下电源开关持续 1 s 即可关机。

（5）显示电池剩余电压。仪器在检测状态时，按一下电源开关，仪器显示电池剩余电压。仪器在显示电池剩余电压 5 s 后，又进入检测状态。

（6）充电。仪器在放完电并自动关机后，电源开关失效，必须充电后才能打开仪器的电源开关。当仪器在充满电以后，仍然插在充电器中并不会导致电池损坏，仪器会自动保持适当的浮充状态。新购仪器到矿后，应及时进行放电、充电，防止仪器的电池因贮存时间过长而损坏；长期不用的仪器必须充电后贮存，以后应每 2~3 个月放电、充电一次。

（7）校正。仪器正常使用时，按标准每周校正一次。校正时一般用 50~500 × 10^{-6} mol/mol CO 的标准气（背景气体为空气）。仪器的右侧有两个小孔，上面一个是调零开关孔，下面一个是调节满度开关孔。校正时用小起子或牙签等小棒状物按压小孔内的弹片开关即可。仪器开机预热 15 min 以后，再进行校正。校正的顺序是先调零，后调满度。

4. 维修、使用安全注意事项

（1）用户收到新仪器后，应将仪器进行一次全放电、全充电、校正的过程，再投入井下使用，以确认仪器的各项性能完好。

（2）仪器长期不用时，应放置在空气新鲜、干燥、无腐蚀气体、无辐射、无强烈震动的环境中。当仪器再次启用时，应进行全充电、全放电、校正的全过程，以确保仪器的正常使用。

（3）当仪器电池容量降低到不能满足正常的使用要求或电池损坏时，应更换电池组。更换电池组后，仪器应进行全放电、全充电、全放电、全充电两个周期的地面运行后，再下井使用。

（4）当仪器的探头灵敏度降低到无法校止或稳定性不好时，应更换探头。更换过探头的仪器，应该让仪器放置一天后，再进行校正，方可下井使用。对仪器进行充电、校正、维修时均应在地面进行，严禁在危险场所打开仪器。

四、CTH1000－8A 一氧化碳检测仪的安全操作

1. CTH1000－8A 一氧化碳检测仪的结构及其组成部分

一氧化碳检测仪由外壳、薄膜开关、面板、蜂鸣器、一氧化碳元件、机芯及其电池组组成。

（1）外壳有 ABS 高强度全塑结构组成耐腐朽、抗阻燃，它的结构性能符合《爆炸性环境　第 1 部分：设备通用要求》（GB 3836.1—2010）所规定的防爆要求。同时配备高密封性能按键式电子薄膜开关。

（2）一氧化碳元件为三电极化学一氧化碳敏感元件，其原理为当环境中的一氧化碳气体扩散通过敏感元件透气膜进入到具有恒定性电位的工作电极上，在电极催化作用下与电解液中水发生阳极氧化反应，工作电极上所释放的电子数量在一定范围内与一氧化碳浓度成正比，这种电子以电流的形式通过转换器转换成频率形式，通过单片机进行处理送驱动电路，驱动数码管显示被测气体的一氧化碳浓度，当一氧化碳浓度达到或超过报警值时单片机立即输出控制信号，经报警电路控制声报警器发出警报声。

（3）电池组是由三节额定电压为 1.2 V 的"无记忆效应"的环保镍氢电池串联组成，容量为 1600 mA · h。

2. CTH1000－8A 一氧化碳检测仪的安全操作

通常电池组充电必须符合电池的国家标准的要求，室温控制在（20 ± 5）℃，在通风干燥状态下，周围无 H_2S 等有害气体，在这样的环境下充上 12 h 后一般认为达到 4.1 V 左右为充满，充满电后的仪器放在新鲜空气中，预热 30 min 后进行调零，调节零点时先按开/关键 1 s 后再按读数确认键，显示值后出现一个小

数点，表示仪器进入调零状态，再按换挡键和返回键，进行递加递减，使显示值为 C00，然后，按 D 键确认并退出调零状态。只有经过零点调整后的检测仪方可进行精度调整。将校正气嘴插入检测仪右边的校气口通入浓度为 450×10^{-6} 左右的一氧化碳标准气样，控制流量为 200 mL/min，校验 3 min，待显示值稳定后，观察显示值是否为标准气样值，否则应进行精度调整，应按 A 键，1 s 内再按 D 键，此时末位小数点亮，表示检测仪已进入第 1 状态，重复上述操作，此时首位的小数点亮，表示检测仪已进入精度调整状态，重复按换挡键和返回键进行递加递减，使显示值为标准气样值，然后按 D 键确认并退出精度调整状态，精度调整结束。再通入浓度分别为 51×10^{-6} 和 750×10^{-6} 的 CO 标准气样，看仪器的误差是否不超过基本误差。

3. 常见故障极其分析原因

（1）仪器不开机。打开后盖将数字万用表拨到"V"挡的"20 V"挡上测量一下电池电压若只有两点几伏或一点几伏，表示其中一节损坏，必须更换一个新电池组；将数字万用表拨到"V"挡的"20 V"挡上，若电池电压为 3.6 V 以上，而仪器不开机，这就可能是薄膜开关坏，重新更换一个开关即可。

（2）仪器不充电。充电螺钉松动或其中一根充电引线断，或者是 5818 二极管和 8050、589 三极管损坏。

（3）仪器不报警。蜂鸣器坏或者 8050 三极管损坏，重新更换即可。

（4）数码管显示不全。数码管坏，用专用工具更换即可。

（5）校气无反应。在新鲜空气中置放 609 无 0.2 V 电压输出。解决方法：首先集成块 76328 有 +2.8 V 输出，集成块 829 有 -2.8 V 输出，这样运放 609 才有 0.2 V 输出。

（6）开机后显示值异常。元件引线接触不良或者电路虚焊。

第五节　CH_4 多参数测定器的安全操作

一、CH_4 多参数测定器的结构及其组成部分

1. CH_4 多参数测定器的结构

CH_4 多参数测定器主要由外壳、薄膜开关、面板、蜂鸣器、红外二氧化碳传感器、氧气传感器、一氧化碳传感器、机芯液晶显示屏及其电池组组成。

2. CH_4 多参数测定器的组成

外壳由 ABS 高强度全塑结构组成，耐腐朽、抗阻燃。它的结构性能符合

《爆炸性环境　第 1 部分：设备通用要求》（GB 3836.1—2010）所规定的防爆要求。同时配备高密封性能按键式电子薄膜开关。红外二氧化碳传感器、氧气传感器、一氧化碳传感器都是从国外采购的，性能稳定，使用寿命长，其中氧气传感器、一氧化碳传感器采用电化学原理，红外二氧化碳传感器采用红外原理。空气中的甲烷、氧气、一氧化碳、二氧化碳等气体通过相应的传感器转换成对应的电信号，电信号经过放大滤波，经微控制器处理后，通过数字形式显示出对应的空气中所含甲烷、氧气、一氧化碳、二氧化碳的浓度值；当甲烷、一氧化碳、二氧化碳的浓度超过设置的报警点，或者氧气浓度低于设置的报警值时，报警电路发出报警信号，以示浓度超限。电池组采用锰酸锂电池，容量为 2000 mA·h。通常电池组充电必须符合电池的国家标准的要求，室温控制在（20±5）℃，在通风干燥状态下，周围无 H_2S 等有害气体，在这样的环境下充上 12 h 后，充电器上面的红色指示灯熄灭，一般认为达到 4.1 V 左右为充满。

二、CH₄ 多参数测定器的性能调试

1. 开关机

（1）开机。在关机状态下按开关键，测定器开机，实时检测空气中的甲烷、氧气、一氧化碳和二氧化碳的浓度。工作开机后，测定器液晶显示器实时显示空气中的甲烷、氧气、一氧化碳和二氧化碳的浓度值。左上角显示时间值，右上角显示测定器电池的电量信息。当一种或者多种检测气体浓度超过报警点时，发出声报警，同时右上角的报警喇叭一熄一亮闪动提示。

（2）关机。在开机状态下按开关键，测定器关机。

2. CH₄ 多参数测定器的性能调试

（1）只有经过专业培训的技术人员才能从事测定器的调校工作。

（2）调甲烷零点。当测定器处在甲烷为零的环境下（如清新空气中），甲烷显示值不为零，需要对测定器调甲烷零点。调甲烷零点方法为：按一下标校键进入标校状态，液晶显示器上甲烷字符闪动，再按一下标校键，显示零点字符，最后按一下标校键确认，测定器自动把当前状态调为零点。调甲烷零点完成，退出调校状态，返回到实时检测状态。

（3）标气调甲烷精度。测定器开机工作 10 min 后，以 200 mL/min 的流量通过气嘴往测定器的甲烷传感器仓通入标准甲烷气体。待甲烷读数稳定后，按一下标校键进入标校状态，液晶显示器上的甲烷字符闪动。再按一下标校键，显示零点字符。按一下加键，切换到显示标校字符，按一下标校键。按加键或者减键调整甲烷读值，把甲烷读值调整为和通入的甲烷标准气体浓度值一致，最后按一下

标校键确认，标气调甲烷精度完成，退出调校状态，返回到实时检测状态。

（4）调甲烷报警值。在实时检测状态，按一下标校键，液晶显示器上的甲烷字符闪动，再按一下标校键，显示零点字符，按两下加键，切换到显示报警点字符，按一下标校键，显示当前的甲烷报警值，然后按加键或者减键调整甲烷的报警值，最后按一下标校键确认，调甲烷报警值完成，退出调校状态，返回到实时检测状态。

（5）调氧气21.0%点。当测定器处在氧气为21.0%的环境下（如清新空气中），氧气显示值不为21.0%，需要对测定器调氧气21.0%点。调氧气21.0%点的方法为：按一下标校键进入标校状态，液晶显示器上甲烷字符闪动，按一下加键，液晶显示器上切换到氧气字符闪动，再按一下标校键，显示零点字符，最后按一下标校键确认，测定器自动把当前状态调为21.0%。调氧气21.0%点完成，退出调校状态，返回到实时检测状态。

（6）标气调氧气精度。测定器开机工作10 min后，以200 mL/min的流量通过气嘴往测定器的氧气传感器仓通入标准氧气气体。待读数稳定后，按一下标校键进入标校状态，液晶显示器上的甲烷字符闪动。按一下加键，液晶显示器上切换到氧气字符闪动，再按一下标校键，显示零点字符。按一下加键，切换到显示标校字符，按一下标校键。按加键或者减键调整氧气读值，把氧气读值调整为和通入的氧气标准气体浓度值一致，最后按一下标校键确认，标气调氧气精度完成，退出调校状态，返回到实时检测状态。

（7）调氧气报警值。在实时检测状态，按一下标校键，液晶显示器上的甲烷字符闪动，按一下加键，液晶显示器上切换到氧气字符闪动，再按一下标校键，显示零点字符，按两下加键，切换到显示报警点字符，按一下标校键，显示当前的氧气报警值，然后按加键或者减键调整氧气报警值，最后按一下标校键确认。调氧气报警值完成，退出调校状态，返回到实时检测状态。

（8）调二氧化碳0.03%点。当测定器处在二氧化碳为0.03%的环境下（如清新空气中），二氧化碳显示值不为0.03%的情况下，需要对测定器调二氧化碳0.03%点。调二氧化碳0.03%点的方法为：按一下标校键进入标校状态，液晶显示器上甲烷字符闪动，按两下加键，液晶显示器上切换到二氧化碳字符闪动，再按一下标校键，显示零点字符，最后按一下标校键确认，测定器自动把当前状态调为0.03%。调二氧化碳0.03%点完成，退出调校状态，返回到实时检测状态。

（9）标气调二氧化碳精度。测定器开机工作10 min后，以200 mL/min的流量通过气嘴往测定器的二氧化碳传感器仓通入标准二氧化碳气体。待读数稳定后，按一下标校键进入标校状态，液晶显示器上的甲烷字符闪动。按两下加键，液晶显示器上切换到二氧化碳字符闪动，再按一下标校键，显示零点字符。按一下加键，切换到显示标校字符，按一下标校键。按加键或者减键调整二氧化碳读值，把二氧化碳读值调整为和通入的二氧化碳标准气体浓度值一致，最后按一下标校键确认，标气调二氧化碳精度完成，退出调校状态，返回到实时检测状态。

（10）调二氧化碳报警值。在实时检测状态，按一下标校键，液晶显示器上的甲烷字符闪动，按两下加键，液晶显示器上切换到二氧化碳字符闪动，再按一下标校键，显示零点字符，按两下加键，切换到显示报警点字符，按一下标校键，显示当前的二氧化碳报警值，然后按加键或者减键调整二氧化碳报警值，最后按一下标校键确认。调二氧化碳报警值完成，退出调校状态，返回到实时检测状态。

（11）调一氧化碳零点。当测定器处在一氧化碳为零的环境下（如清新空气中），一氧化碳显示值不为零的情况下，需要对测定器调一氧化碳零点。调一氧化碳零点方法为：按一下标校键进入标校状态，液晶显示器上甲烷字符闪动，按三下加键，液晶显示器上切换到一氧化碳字符闪动，再按一下标校键，显示零点字符，最后按一下标校键确认，测定器自动把当前状态调为零点。调一氧化碳零点完成，退出调校状态，返回到实时检测状态。

（12）标气调一氧化碳精度。测定器开机工作 10 min 后，以 200 mL/min 的流量通过气嘴往测定器的一氧化碳传感器仓通入标准一氧化碳气体。待读数稳定后，按一下标校键进入标校状态，液晶显示器上的甲烷字符闪动。按三下加键，液晶显示器上切换到一氧化碳字符闪动，再按一下标校键，显示零点字符。按一下加键，切换到显示标校字符，按一下标校键。按加键或者减键调整一氧化碳读值，把一氧化碳读值调整为和通入的一氧化碳标准气体浓度值一致，最后按一下标校键确认，标气调一氧化碳精度完成，退出调校状态，返回到实时检测状态。

（13）调一氧化碳报警值。在实时检测状态，按一下标校键，液晶显示器上的甲烷字符闪动，按三下加键，液晶显示器上切换到一氧化碳字符闪动，再按一下标校键，显示零点字符，按两下加键，切换到显示报警点字符，按一下标校键，显示当前的一氧化碳报警值，然后按加键或者减键调整一氧化碳报警值，最后按一下标校键确认。调一氧化碳报警值完成，退出调校状态，返回到实时检测状态。

（14）校准时间。在实时检测状态，按一下标校键，液晶显示器上的甲烷字符闪动，按一下减键，液晶显示器上切换到时间字符闪动，再按一下标校键，小时值闪动，然后按加键或者减键调整小时值。按一下标校键，分钟值闪动，按加键或者减键调整分钟值，最后按一下标校键确认，校准时间完成。退出调校状态，返回到实时检测状态。

三、常见故障及其分析原因

1. 仪器不充电

（1）分析原因：充电插口接触不良，或者充电二极管 5818 坏。

（2）解决方法：重新插好充电插口，或者重新更换充电二极管 5818。

2. 仪器不开机

（1）分析原因：仪器充满电后，将数字万用表拨到"V"挡的"20 V"挡位上测量电池组的电压，若为一点几伏，则说明电池组坏，需重新更换一个新的电池组。

（2）解决方法：更换了新电池组，仪器就能打开机。放电至自动关机状态，这样可以延长电池组的使用寿命。

3. 仪器不能够软调节

薄膜开关无弹性或者仪器进水而导致开关背面的强力胶失效。

4. 开机后示值异常

仪器显示 4.00，校气无反应，将数字万用表拨到"V"挡的"20 V"挡位上测量甲烷传感器输出电压应为 2.8 V，如果没有输出，则传感器虚焊或接插件松动。

5. 仪器不报警

蜂鸣器坏，或者三极管 8050 坏。重新更换即可。

6. 液晶示数不全

液晶屏坏或虚焊，用专用工具将其焊下换上新的即可。

7. 仪器显示异常

调试程序紊乱，重新启动程序即可。

8. 二氧化碳校气无反应

二氧化碳传感器接触不良，或者无信号输出，重新接插传感器，或者重新焊接一下即可。

安全操作技能

模块一　便携式光学甲烷检测仪安全操作

1. 便携式光学甲烷检测仪外观安全检查

检查仪器外观有无损伤、变形；检查仪器部件是否齐全、完整，连接或固定是否牢靠；检查仪器手轮、按钮、目镜操作是否灵活、可靠；检查仪器的光源亮度是否充分、稳定。

2. 便携式光学甲烷检测仪药品性能的安全检查

硅胶颜色由蓝色变为白色或很淡的浅红色，或者1/2的药品失去蓝色时，说明药品失效，重新更换硅胶；钠石灰颜色由粉红色变为淡黄色或粉白色，或者粒度不在2~5 mm之间时，说明药品失效，重新更换钠石灰。

3. 便携式光学甲烷检测仪气路系统的安全检查

检查便携式光学甲烷检测仪整机的气密性。

（1）连接吸气球胶管，堵住吸气胶管末端，捏扁吸气球然后再放松吸气球，若1 min内不还原，说明整机不漏气；反之则说明漏气，再分部位进行逐项检查和处理。

（2）检查便携式光学甲烷检测仪吸气球的气密性。捏扁吸气球，掐住连接吸气球的胶管然后再放松吸气球，若1 min内不还原说明吸气球不漏气；反之则说明漏气，重新更换吸气球。

（3）检查便携式光学甲烷检测仪机体的气密性。拔掉仪器CO_2吸收管，将吸气球的胶管同检测仪吸气孔连接，堵住进气孔，捏扁吸气球然后再放松吸气球，若1 min内不还原，说明机体不漏气；反之则说明漏气，按照仪器要求进行处理。

（4）检查便携式光学甲烷检测仪药管的气密性。拔开CO_2吸收管和水分吸收管连接管，用手分别堵住其进气孔（分两次测试），捏扁吸气球，然后再放松吸气球，若1 min内不还原，说明药管不漏气。

（5）检查便携式光学甲烷检测仪胶管的气密性。堵住吸气胶管末端→捏扁吸气球→放松吸气球，若1 min内不还原，说明胶管不漏气。

4. 检查便携式光学甲烷检测仪的光路系统

按下光源按钮→通过目镜观察→旋转目镜筒，使分划板上读数清晰→确认干涉条纹清晰完整。

5. 便携式光学甲烷检测仪的调零操作

调零准备，置仪器于新鲜空气巷道中（与待测地点温度、压力相近）→插上 CO_2 吸收管→捏、放吸气球 5~7 次；小数对零，按下微读数按钮→旋转测微手轮，使微读盘的零位刻度与指标线重合；整数对零，打开主调螺旋盖→按下光源按钮→观察目镜→旋转主调手轮，选定一条黑基线与分划板的"零"位重合→盖好主调螺旋盖。

模块二　甲烷、二氧化碳、一氧化碳浓度检测安全操作

项目一　甲烷浓度检测安全操作

1. 抽取气样

将 CO_2 吸收管出气口与便携式光学甲烷检测仪进气孔连接→把连接在 CO_2 吸收管进气口的胶皮管伸向测点位置→确认测点位置距巷道顶板不大于 300 mm、距巷道侧壁不小于 200 mm→捏放吸气球 5～7 次→将待测气体吸入检测仪瓦斯室。

2. 检测读数

按下光源按钮→观察目镜中的黑基线位置（如其恰与某整数刻度重合，则该刻度即为所测甲烷浓度）→确认黑基线位于两整数之间时→顺时针旋转微调手轮，使黑基线退到较小的整数位置→按下微读数按钮→读取微读数盘上的小数值（精确到 0.02%）→把整数与小数相加即为本次操作所测的甲烷浓度→连续 3 次所测甲烷浓度的最大值为最终甲烷浓度的检测结果。

3. 检测结果处理

发现甲烷浓度超过相关规定，立即打电话报告调度室，并根据规定责令现场人员停止工作，撤到安全地点；填写甲烷检查班报手册和检查地点的甲烷检查记录牌，并通知现场工作人员。

项目二　二氧化碳浓度检测安全操作

1. 检测甲烷浓度

将 CO_2 吸收管出气口与便携式光学甲烷检测仪进气孔连接→把连接在 CO_2 吸收管进气口的胶皮管伸向测点位置→确认测点位于巷道风流断面下部的 1/5 处→捏放吸气球 5～7 次→测取甲烷气体浓度。

2. 检测二氧化碳与甲烷混合气体浓度

拔下 CO_2 吸收管→将检测仪或连接在其进气孔上的胶皮管伸向巷道下部 1/5 处，（测量甲烷浓度的同一巷道位置）→捏放吸气球 5~7 次，测取同一测点混合气体浓度。

3. 计算二氧化碳浓度值

用混合气体浓度减去甲烷气体浓度的差，再乘以 0.955 的校正系数，计算得出测点 CO_2 气体浓度值。采用同样的方法，在同一测点连续测 3 次，最大值为检测结果。

4. 处理检测结果

发现 CO_2 浓度超过 1.5% 时，立即打电话报告调度室，并责令现场人员停止工作，撤到安全地点；填写甲烷检查班报手册，注明检查地点的 CO_2 检查浓度值，并通知现场工作人员。

项目三　一氧化碳浓度检测安全操作

1. 检测准备

确认 CO 采样器三通阀开、关灵活。将 CO 采样器三通阀把打到 45° 关闭位置，把活塞拉到最大位置后松开，确认活塞能够自动恢复原状或者活塞的余量不大于 5 mL 时，采样器气密性良好。确认 CO 检定管在有效期内，并且与待查地点的气体浓度范围相匹配。

2. 抽取气样

穿戴好防毒防护装备→选择并进入待测地点→将 CO 采样器三通阀把打到水平吸气位置，抽送采样器活塞往复 3~5 次，吸入规定量的待测气样→将 CO 采样器三通阀把打到 45° 关闭位置→撤离到安全地点→打开 CO 检定管两端封口→把 CO 检定管浓度标尺标"0"端插入到 CO 采样器采样插孔中→将 CO 采样器三通阀把打到垂直充气位置，推动活塞将气样按检定管说明书规定的送气时间匀速充入 CO 检定管内→读取 CO 检定管上棕色环最大刻度对应的 CO 浓度值。

3. 处理检测结果

（1）发现 CO 浓度超过 0.0024% 时，立即打电话报告调度室，并责令现场人员停止工作，撤到安全地点。

（2）发现同一位置检测的 CO 浓度比较前几次有所增加时，应报告矿调度室和有关领导。

（3）填写 CO 检测记录表，通知现场工作人员。

参 考 文 献

［1］宁廷全. 瓦斯检查员［M］. 北京：煤炭工业出版社，2003.

［2］国家安全生产监督管理总局宣传教育中心. 煤矿瓦斯检查工资格培训考核教材［M］. 徐州：中国矿业大学出版社，2009.

［3］周迎春，王滨. 煤矿瓦斯检查作业安全培训考核教材［M］. 徐州：中国矿业大学出版社，2015.

［4］国家安全生产监督管理总局宣传教育中心. 煤矿瓦斯检查作业操作资格培训考核教材［M］. 徐州：中国矿业大学出版社，2017.